近世代数基础

（第二版）

毛 华　杨兰珍　编著

河北大学精品教材建设项目

科 学 出 版 社

北 京

内 容 简 介

本书是作者根据多年教学经验, 结合第一版教学应用中出现的情况, 以及这些年与课程内容有关的应用理论方面的发展情况, 总结修改而成的. 作者在介绍近世代数课程的传统内容时, 从以下几个方面进行了深入浅出的讲解: 引入了泛代数研究的基本思想内容; 较深入地介绍群、环的思想和内容; 简单介绍了格论的思想内容; 同时还指出了所介绍的几种代数结构的一些应用领域. 全书共 4 章. 第 1 章由泛代数基本研究结构引出近世代数应有的基本内容; 第 2 章介绍群论基础; 第 3 章介绍环的内容; 第 4 章简单介绍格论. 每章配有适当数量的习题, 难度适应多层次教学的需要.

本书可作为高等学校数学类和信息类专业的教材, 也可供相关专业师生及科研人员参考使用.

图书在版编目 (CIP) 数据

近世代数基础/毛华, 杨兰珍编著. —2 版. —北京: 科学出版社, 2018. 10
ISBN 978-7-03-058777-0

Ⅰ. ①近… Ⅱ. ①毛… ②杨… Ⅲ. ①抽象代数 Ⅳ. ①O153

中国版本图书馆 CIP 数据核字 (2018) 第 209296 号

责任编辑: 王胡权/责任校对: 张凤琴
责任印制: 吴兆东/封面设计: 迷底书装

科 学 出 版 社 出版
北京东黄城根北街 16 号
邮政编码: 100717
http://www.sciencep.com

北京中石油彩色印刷有限责任公司 印刷
科学出版社发行　各地新华书店经销
*
2012 年 8 月第 一 版　开本: 720×1000 1/16
2018 年 10 月第 二 版　印张: 9 1/4
2019 年 1 月第二次印刷　字数: 201 000

定价: 38.00 元
(如有印装质量问题, 我社负责调换)

第二版前言

本书第一版自 2012 年出版发行以来, 经河北大学等院校 6 年的教学使用, 反映良好, 获得了广大师生的认同与好评.

根据我们的教学实践和经验, 以及当前近世代数的发展与应用状况, 再版之前, 我们对全书进行了仔细且认真地修改与润色. 首先, 对第一版的结构与内容大体保留; 其次, 在本书内容的论证与计算的细节及表达方式上进行了必要地修正与精炼; 再次, 为了介绍近世代数近年来的发展, 第二版添加了模糊代数的一些相关内容, 例如模糊集合论、模糊群、模糊环、模糊格等内容; 最后, 第二版还添加了格的应用 —— 概念格, 介绍了概念格的理论发展新方法, 例如拟阵方法及其应用.

本书第二版的出版不仅得到了国家自然科学基金项目 (编号: 61572011) 和河北大学精品教材建设项目 (2017-BZ-JPJC24) 的资助. 也得到了河北大学学习本课程的广大同学的支持和帮助, 借此机会我们表示衷心感谢.

限于作者水平, 不妥与疏漏之处在所难免, 殷切地希望各位读者批评指正.

作　者

2018 年 6 月

第一版前言

有别于以因式分解、解方程、指数函数、对数函数等为主要研究内容的古典代数, 本书中所讲的内容为近世代数 (或称为抽象代数), 简单地说, 是研究带有一些运算的集合, 以及这些集合之间的映射. 近世代数作为一门学科, 一般认为是 20 世纪由 E. Noether 和 E. Artin 等数学家建立的.

作者在编写本书时, 根据多年讲授此课程的经验, 有以下一些考虑:

(1) 近世代数是数学类专业的一门重要课程, 随着编码理论、人工智能和数据分析的发展, 它也成为某些信息和通信类专业的课程. 理想的教学时长是一个学年, 但是由于种种现实原因, 课时较紧张, 仅能安排一个学期甚至多半个学期, 课时也只有 36~51 学时. 基于此, 为了使学生在较短的时间内掌握近世代数的基本研究对象和研究内容, 本书系统地介绍了泛代数的基本内容. 事实上, 大家可以看到这也是群、环、格等近世代数方面的主要研究对象、基本研究内容和研究方式. 读者掌握了第 1 章泛代数的思想, 对于后几章的学习将有很好的奠基指导作用.

(2) 群和环是近世代数最基本的研究内容和研究对象, 在第 2 章和第 3 章中分别加以详细介绍. 本书采取由简至深、由一般到特殊的讲述方式, 这种方式有利于读者在今后的学习中更深入地进行研究.

1982 年, R. Wille 利用格论将哲学思想引入到形式概念分析中, 创立了概念格理论. 这种理论现在已经被广泛地应用于人工智能、网络物流、电子商务等诸多实际应用领域. 格作为与群、环结构不同的一种代数结构, 将在本书的第 4 章中予以简单介绍. 这可以使读者初步地接触到一个新的代数结构, 为将来的科学研究提供更广阔的思维方式.

本书对基本知识内容的介绍详细具体, 使读者比较容易读懂. 本书知识结构基本上是自封闭的. 对一些略去的证明, 大多可由读者根据已学知识自行完成. 为了读者能够在较短时间内掌握更多的基本内容, 书中没有过多的例子, 尽量以精要的例子为主, 说清问题. 对于主要内容的例子解释, 最多由 3 个例子加以说明, 读者可以根据书中内容或参看其他相应书籍, 举一反三列举出更多的例子.

本书第 2、3、4 章在介绍主要内容之前, 都简单讲述关于此内容在信息领域的某些应用, 并推荐给读者一些相关参考文献. 引发读者对书中内容的学习兴趣, 引导读者在应用上作出努力, 这也是我们教授课程的目的之一.

(3) 习题是重要的. 为了巩固课程的学习, 做习题是非常必要的. 本书习题数量适中, 难度有梯度性的变化, 可以适应不同层次的读者, 建议读者要尽量发掘自己的创造力, 体验到数学推理的魅力, 进而扎实地掌握近世代数这门课程的精髓.

本书突出重点和难点, 讲思路、讲体会、讲方法, 作者试图用严密而朴素的方法 "讲述" 近世代数课程中基础而重要的知识和方法.

限于作者水平, 书中难免有不足之处, 敬请读者指正.

作　者

2012 年 6 月

目　　录

第1章 泛代数基础内容简介

在 19 世纪末 20 世纪初, 数学的研究方法发生了大的变革. 近世代数以一个崭新的思想出现于这个时期, 它是以研究代数结构为主题的一门数学学科, 主要研究对象有群、环、格, 另外, 还有代数结构以及相关的映射, 例如同态, 也是它的主要研究内容之一. 本章将简单地介绍泛代数的一些基本知识.

1.0 集合论基础知识

本节主要介绍集合论基础知识. 对于没有学习过集合论知识的读者, 可以先学习本节, 再学习 1.1~1.5 节. 对于学习过集合论知识的读者, 可以直接从 1.1 节开始学习. 对于教师而言, 可以根据学生的情况, 选讲此节内容. 建议学习过集合论知识的读者, 也不妨再读一下本节内容, 作为一个复习.

19 世纪末德国数学家康托尔 (Cantor) 为集合论做出了奠基工作, 自此以后, 集合论已经成为数学中不可缺少的基本工具, 集合已成为数学最为基本的概念.

集合论有两种体系组成: 一是朴素集合论体系, 也称为康托尔集合论体系, 二是公理集合论体系. 这里只介绍朴素集合论中的基本内容.

在朴素集合论中, 有些概念, 特别是关于集合的概念是不能精确定义的, 即使这样, 它丝毫不影响对集合的理解.

集合是具有一定属性的事物形成的一个集体, 根据这些属性可以区别一个事物属于或不属于这个集合. 一般地, 人们用大写英文字母 $A, B, C, \cdots$ 表示集合; 用小写英文字母 $a, b, c, \cdots$ 表示集合中的元素; 用 $a \in A$ 表示 a 为 A 的元素, 读作 a 属于 A; 用 $a \notin A$ 表示 a 不是 A 的元素, 读作 a 不属于 A.

不含任何元素的集合称为**空集**, 记作 "$\varnothing$".

包含有限个元素的集合称为**有限集**, 否则称为**无限集**.

有限集 A 所包含的元素个数是一个非负整数, 记作 $|A|$, 特别地, $|\varnothing| = 0$.

一般有两种方法表示集合.

列举法 列举它的所有元素, 元素之间用逗号分开, 用花括号括起来.

例如, 设 A 是由 e, f, g 为元素的集合, B 是正奇数的集合, 则 $A = \{e, f, g\}, B = \{1, 3, 5, \cdots\}$.

描述法 用集合中的元素所具有的特殊性刻画.

例 1 (1) $D = \{x | x^2 - 9 = 0\}$ 表示方程 $x^2 - 9 = 0$ 的根所组成的集合.

(2) $T = \{y|y$ 是十进制数字$\}$ 表示 10 个十进制数字集合, 即 0, 1, 2, 3, 4, 5, 6, 7, 8, 9 这 10 个数字组成的集合.

在本书中, 为了简便, 引入一些逻辑符号用于表达.

(1) "对于任意 $a \in S$" 表示为 "$\forall a \in S$";

(2) "存在一个 $a \in S$" 表示为 "$\exists a \in S$";

(3) "存在唯一的 $a \in S$" 表示为 "$\exists | a \in S$" (有人也用 "$\exists! a \in S$" 表示);

(4) 设 U, V 为两个命题,

$$\text{"若 } U \text{ 成立, 则} V \text{ 成立" 表示为 "} U \Rightarrow V\text{"};$$

$$\text{"} U \text{ 成立当且仅当 } V \text{ 成立"表示为 "} U \Leftrightarrow V\text{"}.$$

对于集合应注意以下几点:

(1) 集合中的元素是各不相同的;

(2) 集合中的元素不规定顺序;

(3) 集合的两种表示法有时是可以相互转化的.

例如, 列举法中 $S = \{0, 1, 2, 3, 4, 5, 6, 7, 8, 9\}$ 与描述法中的 T 是一样的.

下面讨论集合之间的关系.

定义 1.0.1　设 A, B 为两个集合.

(1) 若 $\forall a \in B \Rightarrow a \in A$, 则称 B 是 A 的**子集**, 也称 A 包含 B, 或 B 含于 A, 记作 $B \subseteq A$.

(2) 若 $B \subseteq A$ 且 $\exists a \in A$ 但 $a \notin B$, 则称 B 是 A 的**真子集**, 记作 $B \subset A$.

(3) 若 $B \subseteq A$ 且 $A \subseteq B$, 则称 A 与 B **相等**, 记作 $A = B$.

(4) 若限定所讨论的集合都是某一集合的子集, 则称该集合为**全集**, 常记作 E.

(5) 设 A 为一个集合, 称由 A 的所有子集组成的集合为 A 的**幂集**, 记作 $\wp(A)$(或 2^A).

(6) 若 B 不等于 A 并且不是 A 的子集, 则记作 $B \nsubseteq A$.

例 2　(1) 设 $A = \{a, b, c\}, B = \{a, b, c, d\}, C = \{a, b\}$, 则 $A \subseteq B, C \subseteq A$, $C \subseteq B$.

(2) 设 $A = \{2\}, B = \{1, 4\}, C = \{x | x^2 - 5x + 4 = 0\}, D = \{x | x$ 为偶素数 $\}$, 则 $A = D$ 且 $B = C$.

(3) 设 $A = \{x | x^2 + 1 = 0$ 且 x 为实数 $\}$, 则 $A = \varnothing$.

(4) 用描述法表示 $\wp(A)$ 为 $\wp(A) = \{X | X \subseteq A\}$.

(5) 为了求出给定集合 A 的幂集, 可以求出 A 的由低到高的元的所有子集, 再将它们组成集合即可.

设 $A = \{a, b, c\}$, 求 $\wp(A)$ 的步骤如下:

0 元子集为: $\varnothing$;

1 元子集为: $\{a\}, \{b\}, \{c\}$;

2 元子集为: $\{a,b\}, \{a,c\}, \{b,c\}$;

3 元子集为: $\{a,b,c\}$;

A 的幂集 $\wp(A) = \{\varnothing, \{a\}, \{b\}, \{c\}, \{a,b\}, \{a,c\}, \{b,c\}, \{a,b,c\}\}$.

定理 1.0.2 (1) 空集是一切集合的子集.

(2) 空集是唯一的.

证明 (1) 显然.

(2) 是 (1) 的推论.

该定理说明: $\varnothing$ 是 "最小" 的集合.

给定两个集合, 除关心它们之间是否有包含或相等的关系外, 有时还要讨论如何由它们产生新集合, 即运算方面的问题.

定义 1.0.3 设 A, B 为两个集合.

(1) 称由 A 和 B 的所有元素组成的集合为 A 与 B 的**并集**, 记作 $A \cup B$, 即 $A \cup B = \{x | x \in A \text{ 或 } x \in B\}$.

(2) 称由 A 和 B 的公共元素组成的集合为 A 与 B 的**交集**, 记作 $A \cap B$, 即 $A \cap B = \{x | x \in A \text{ 且 } x \in B\}$.

(3) 称属于 A 而不属于 B 的全体元素组成的集合为 B 对 A 的**相对补集**, 记作 $A \backslash B$ (或 $A - B$), 即 $A \backslash B = \{x | x \in A \text{ 且 } x \notin B\}$.

(4) 称属于 A 而不属于 B, 或属于 B 而不属于 A 的全体元素组成的集合为 A 与 B 的**对称差**, 记作 $A \oplus B$, 即 $A \oplus B = \{x | x \in A \text{ 且 } x \notin B, \text{ 或 } x \notin A \text{ 且 } x \in B\}$.

(5) 称 A 对全集 E 的相对补集为 A 的**绝对补集**, 记作 $E \backslash A$ 为 $\sim A$, 即

$$\sim A = \{x | x \in E \text{ 且 } x \notin A\}.$$

将以上各种运算 (将求集合的幂集也看做运算) 分成两类, 其中的绝对补、求幂集称为第 1 类运算, 而将并、交、补、对称差等运算称为第 2 类运算. 在第 1 类运算中, 按由右向左的顺序进行, 在第 2 类运算中, 顺序往往由括号来决定, 多个括号并排或无括号部分按由左向右的顺序进行.

集合的集中运算满足如下运算规律.

定理 1.0.4 设 A, B, C 为全集 E 的三个子集, 则有

(1) 幂等律 $A \cup A = A$; $A \cap A = A$.

(2) 交换律 $A \cup B = B \cup A$;

$\qquad A \cap B = B \cap A$.

(3) 结合律 $(A \cup B) \cup C = A \cup (B \cup C)$;

$\qquad (A \cap B) \cap C = A \cap (B \cap C)$.

(4) 分配律 $A \cup (B \cap C) = (A \cup B) \cap (A \cup C)$;

$$A \cap (B \cup C) = (A \cap B) \cup (A \cap C).$$

(5) 德·摩根律 $\sim (A \cup B) = \sim A \cap \sim B$;

$$\sim (A \cap B) = \sim A \cup \sim B;$$

$$A \backslash (B \cup C) = (A \backslash B) \cap (A \backslash C);$$

$$A \backslash (B \cap C) = (A \backslash B) \cup (A \backslash C).$$

(6) 吸收律 $A \cup (A \cap B) = A$;

$$A \cap (A \cup B) = A.$$

(7) 零律 $A \cup E = E$;　$A \cap \varnothing = \varnothing$.

(8) 同一律 $A \cup \varnothing = A$;　$A \cap E = A$.

(9) 排中律 $A \cup \sim A = E$.

(10) 矛盾律 $A \cap \sim A = \varnothing$.

(11) 补余律 $\sim \varnothing = E$;　$\sim E = \varnothing$.

(12) 双重否定律 (也称对合律) $\sim (\sim A) = A$.

(13) 补交转换律　$A - B = A \cap \sim B$.

证明　这里证明 (4) 作为例子, 其余留给读者.

对于任意的 x,

$$x \in A \cup (B \cap C)$$

$$\Leftrightarrow x \in A \text{ 或 } x \in (B \cap C)$$

$$\Leftrightarrow x \in A \text{ 或 } (x \in B \text{ 且 } x \in C)$$

$$\Leftrightarrow (x \in A \text{ 或 } x \in B) \text{ 且 } (x \in A \text{ 或 } x \in C)$$

$$\Leftrightarrow x \in (A \cup B) \text{ 且 } x \in (A \cup C)$$

$$\Leftrightarrow x \in (A \cup B) \cap x \in (A \cup C).$$

所以 $A \cup (B \cap C) = (A \cup B) \cap (A \cup C)$.

常称以上 13 组集合等式为**集合恒等式**, 它们的正确性均可由相应的命题等值式证明.

关系一词是大家熟知并且在生活、学习和工作中经常遇到和处理的概念. 在诸多的关系中, 最基本的是涉及两个事物之间的关系, 即二元关系.

定义 1.0.5　(1) 一个有序 n ($n \geqslant 2$) 元组是一个有序对, 它的第一个元素为有序的 $n-1$ 元组 $(a_1, a_2, \cdots, a_{n-1})$, 第二个元素为 a_n, 记为 $(a_1, a_2, \cdots, a_n)$.

n 维空间中点 M 的**坐标** $(x_1, x_2, \cdots, x_n)$ 为有序的 n 元组 $(x_1, x_2, \cdots, x_n)$.

(2) 设 A, B 为两个集合, 称集合 $\{(x, y) | x \in A \text{ 且 } y \in B\}$ 为集合 A 与集合 B 的**直积**, 或**卡氏积**, 或**笛卡儿积** (Cartesian Product), 记作 $A \times B$.

(3) 设 $A_1, A_2, \cdots, A_n$ 为 n 个集合 $(n \geqslant 2)$. 称集合

$$\{(x_1, x_2, \cdots, x_n) | x_j \in A_j, (j = 1, 2, \cdots, n)\}$$

为 **n 维直积**, 记作 $A_1 \times A_2 \times \cdots \times A_n$.

若 $A_1 = A_2 = \cdots = A_n = A$ 时, 记 A 生成的 n 维直积为 A^n.

(4) 若集合 F 中的全体元素均为有序的 n $(n \geqslant 2)$ 元组, 则称 F 为 n 元**关系**, 特别地, 当 $n=2$ 时, 称 F 为二元关系.

对于二元关系 F, 若 $(x, y) \in F$, 常记为 xFy.

规定空集 $\varnothing$ 为 n 元关系, 当然也是二元空关系, 简称**空关系**.

(5) 设 A, B 为两个集合, $A \times B$ 的任何子集均称为 A 到 B 的**二元关系**, 特别地, 称 $A \times A$ 的子集 R 为 A 上的二元关系, 记作 $R \subseteq A \times A$.

(6) 称 $I_A = \{(x, x) | x \in A\}$ 为 A 上的**恒等关系**.

注意 (a, b) 是一个有序元素对, 从而, 一般来说, $B \times A$ 不等于 $A \times B$. 例如取 $A = \{1, 2, 3\}$, $B = \{4, 5\}$, 则 $A \times B \neq B \times A$.

定义 1.0.6 设 F, G, A 为三个集合.

(1) 称 $F^{-1} = \{(x, y) | (y, x) \in F\}$ 为 F 的**逆**.

(2) 称 $F \circ G = \{(x, y) | \exists z \text{ 使得 } (x, z) \in F \text{ 且 } (z, y) \in G\}$ 为 F 与 G 的**合成**(或复合).

(3) 称 $F|_A = \{(x, y) | (x, y) \in F \text{ 且 } x \in A\}$ 为 F 在 A 上的**限制**.

集合之间的合成满足以下性质.

定理 1.0.7 设 R_1, R_2, R_3 为三个集合, R 也为一个集合, 则

(1) $(R_1 \circ R_2) \circ R_3 = R_1 \circ (R_2 \circ R_3)$.

(2) $R_1 \circ (R_2 \cup R_3) = R_1 \circ R_2 \cup R_1 \circ R_3$.

(3) $(R_1 \cup R_2) \circ R_3 = R_1 \circ R_3 \cup R_2 \circ R_3$.

(4) $R_1 \circ (R_2 \cap R_3) \subseteq R_1 \circ R_2 \cap R_1 \circ R_3$.

(5) $(R_1 \cap R_2) \circ R_3 \subseteq R_1 \circ R_3 \cap R_2 \circ R_3$.

(6) $(R_1 \circ R_2)^{-1} = R_2^{-1} \circ R_1^{-1}$.

(7) $R|_{A \cup B} = (R|_A) \cup (R|_B)$.

证明 (1) 式说明集合之间的合成运算满足结合律, 我们只对 (1) 给予证明, 其余留给读者.

$$\forall (x, y),$$
$$(x, y) \in (R_1 \circ R_2) \circ R_3$$
$$\Leftrightarrow \exists z, \text{ 使得} (x, z) \in R_3 \text{ 且 } (z, y) \in R_1 \circ R_2$$

$$\Leftrightarrow \exists z, \text{ 有 } (x, z) \in R_3 \text{ 且 } \exists t \text{ 有 } (z, t) \in R_2 \text{ 使得 } (t, y) \in R_1$$

$$\Leftrightarrow \exists z, \exists t, \text{ 有 } (x, z) \in R_3, (z, t) \in R_2, (t, y) \in R_1$$

$$\Leftrightarrow \exists t, (\exists z, (x, z) \in R_3, (z, t) \in R_2), (t, y) \in R_1$$

$$\Leftrightarrow \exists t, (x, t) \in R_2 {\circ} R_3 \text{ 且} (t, y) \in R_1$$

$$\Leftrightarrow (x, y) \in R_1 {\circ} (R_2 {\circ} R_3).$$

所以 $(R_1 {\circ} R_2) {\circ} R_3 = (R_1 {\circ} R_2) {\circ} R_3$.

下面讨论非空集合上的二元关系的性质.

定义 1.0.8　设 A 为一集合, $R \subseteq A \times A$.

(1) 若对于任意的 $x \in A$ 均有 xRx, 则称 R 是 A 上**自反的**二元关系 (也称自身性).

(2) 若对于任意的 $x \in A$ 均有 xRx 不成立 (即 $(x, x) \notin R$), 则称 R 是 A 上**反自反的**二元关系.

(3) 对于任意 $x, y \in A$, 若 xRy, 必有 yRx, 则称 R 是 A 上**对称的**二元关系.

(4) 对于任意的 $x, y \in A$, 若 xRy 且 $x \neq y$, 必有 $(y, x) \notin R$, 则称 R 是 A 上**反对称的**二元关系.

(5) 对于任意的 $x, y, z \in A$, 若 xRy, yRz, 必有 xRz, 则称 R 是 A 上**传递的**二元关系.

设 A 为一个非空集合, A 上的关系 R 不一定具有讨论过的 5 种性质中的某些性质. 下面讨论最小的包含 R 的关系 R', 使它具有所要求的性质, 这就是关系的闭包.

定义 1.0.9　设 $A \neq \varnothing, R \subseteq A \times A, R$ 的**自反闭包**(对称闭包、传递闭包)R' 满足如下条件:

(1) R' 是自反的 (对称的、传递的).

(2) $R \subseteq R'$.

(3) A 上任意的自反的 (对称的、传递的) 关系 R'', 若 $R \subseteq R''$, 则 $R' \subseteq R''$.

常用 $r(R), s(R), t(R)$ 分别表示 R 的自反闭包、对称闭包、传递闭包.

定理 1.0.10　设 $R \subseteq A \times A$ 且 $A \neq \varnothing$, 则

(1) R 是自反的当且仅当 $r(R) = R$.

(2) R 是对称的当且仅当 $s(R) = R$.

(3) R 是传递的当且仅当 $t(R) = R$.

本定理的证明简单, 这里不再赘述.

定义 1.0.11　设 $R \subseteq A \times A$ 且 $A \neq \varnothing$. 若 R 是自反的、对称的和传递的, 则称 R 为 A 上的**等价关系**, 简称等价关系.

例 3 (1) 设 A 为实数集合 $\mathbf{R}$, 则 $R_1 = \{(a,b)|(a,b) \in \mathbf{R} \times \mathbf{R}, a = b\}$ 为实数间的 "相等" 关系, 并且是 $\mathbf{R}$ 上的一个等价关系.

(2) 设 A 为某班学生的集合.

$$R_2 = \{(x,y)|x,y \in A, \quad 并且 x 与 y 同姓\}$$

为一个等价关系.

$$R_3 = \{(x,y)|x,y \in A, x 的年龄不比 y 小\}$$

无对称性, 所以不是等价关系.

集合 A 上的等价关系与集合 A 的分类之间有着本质的联系.

定义 1.0.12 设 R 是非空集合 A 上的等价关系.

(1) $\forall x \in A$, 令 $[x]_R = \{y|y \in A 且 xRy\}$, 则称 $[x]_R$ 为 x 的关于 R 的**等价类**, 简称为 x 的等价类. 有时在不引起混淆时, 记 $[x]_R$ 为 $[x]$.

类里任何一个元素称为这个类的一个**代表**.

(2) 以关于 R 的全体不同的等价类为元素的集合, 称为 A 关于 R 的**商集**, 简称 A 的商集, 记作 A/R.

(3) A 的非空子集族 $C = \{A_i|i \in I\}$ 是 A 的一个**分类**(也称**划分**) 当且仅当其满足

(3.1) $\cup_{i \in I} A_i = A$;

(3.2) 当 $i \neq j$ 时, $A_i \cap A_j = \varnothing$.

定理 1.0.13 (1) 设 $S = \{A_i|i \in I\}$ 是 A 的一个分类, 规定 $\approx$ 为

$$a \approx b \Leftrightarrow a 与 b 属于同一个类,$$

则 $\approx$ 是 A 上的一个等价关系.

(2) 设 $\approx$ 是 A 上的一个等价关系, 对于 $a \in A$, 令 $[a] = \{x|x \in A, x \approx a\}$, 则 A 的子集族 $S = \{[a]|a \in A\}$ 是 A 的一个分类.

本定理的证明简单, 留给读者.

上面的定理 1.0.13 说明, 非空集合 A 上的等价关系与 A 的划分是一一对应的, 于是 A 上有多少个不同的等价关系, 就产生同样个数的不同的划分, 反之亦然.

给定 $n(n \geqslant 1)$ 元集合 A, 若能求出 A 上的全部划分, 也就求出了 A 上的全部等价关系, 那么如何求出 A 的全部划分, 可参见组合数学中相关内容.

例 4 设 A 为整数集合 $\mathbf{Z}$, m 为自然数, 令

$$R_m = \{(a,b)|a,b \in \mathbf{Z}, m|a - b\},$$

则 R_m 是整数集合 $\mathbf{Z}$ 上的一个等价关系.

　　这是由于: 显然 R_m 是 $\mathbf{Z} \times \mathbf{Z}$ 的子集, 可以验证 R_m 满足自身性、对称性、传递性, 并且 R_m 确定的等价类为

$$[0] = \{\cdots, -2m, -m, 0, m, 2m, \cdots\},$$
$$[1] = \{\cdots, -2m+1, -m+1, 1, m+1, 2m+1, \cdots\},$$
$$\cdots\cdots$$
$$[m-1] = \{\cdots, -m-1, -1, m-1, \cdots\},$$

称 R_m 为**模 m 的同余关系**, 由 R_m 所确定的等价类称为**模 m 剩余类**.

练　　习

1. 用列举法表示.

(1) 偶素数集合;

(2) 24 的素因子集合.

2. 用描述法表示.

(1) 八进制数字集合;

(2) $x^2 + y^2 = z^2$ 的非负整数解集.

3. 证明对于任意的集合 A, B, C, 若 $A \in B$ 且 $B \in C$, 不一定有 $A \in C$ 成立.

4. 列出下列集合的子集, 并求幂集.

(1) $\{1, \{2, 3\}\}$;

(2) $\{\varnothing, \{\varnothing\}\}$.

5. 化简下列集合.

(1) $\cup\{\{3, 4\}, \{\{3\}, \{4\}\}, \{3, \{4\}\}, \{\{3\}, 4\}\}$;

(2) $\cap\{\wp\wp\wp(\varnothing), \wp\wp(\varnothing), \wp(\varnothing)\}$.

6. 化简下列式子.

(1) $(A \cap B) \cup (A \backslash B)$;

(2) $A \cup (B \backslash A) \backslash A$.

7. 设 $A = \{a, b, c, d\}$, 在 $\wp(A)$ 中, 规定二元关系 $\approx$ 为

$$B \approx C \Leftrightarrow |B| = |C|,$$

证明 $\approx$ 是 $\wp(A)$ 上的一个等价关系, 并写出商集 $\wp(A)/\approx$.

8. 设 R 是非空集合 A 上的二元关系, 对 $\forall x, y, z \in A$, 如果 xRy 且 yRz, 那么 xRz 不成立, 这时称 R 是 A 上**反传递**的二元关系. 证明, R 是反传递的充要条件为 $R^2 \cap R = \varnothing$, 其中 $R^2 = R \circ R$.

9. 设 $A = \{1, 2, \cdots, 20\}$, $R = \{(x, y)|x, y \in A$ 并且 $x \equiv y(\mathrm{mod}5)\}$, 证明 R 为 A 上的等价关系, 求 A/R 诱导出 A 的划分.

10. 设 A, B 为两个集合, 已知 $A \cap B \neq \varnothing$, 又已知 $\pi_1 = \{A_1, A_2, \cdots, A_n\}$ 为 A 的划分, 设在 $A_i \cap B(i=1, 2, \cdots, n)$ 中有 m 个是非空的 ($m \geqslant 1$ 是显然的), 设 $B_{i_k} = A_{i_k} \cap B \neq \varnothing$, $k=1, 2, \cdots, m$, 证明 $\pi_2 = \{B_{i_1}, B_{i_2}, \cdots, B_{i_m}\}$ 为 $A \cap B$ 的划分.

11. 设 A, B, C 为三个集合, $f: A \to B, g: B \to C$ 为两个映射, 则有下列结论成立.

(1) f, g 是单射 $\Rightarrow gf$ 是单射.

(2) f, g 是满射 $\Rightarrow gf$ 是满射.

(3) gf 是单射 $\Rightarrow f$ 是单射.

(4) gf 是双射 $\Rightarrow g$ 是双射.

(5) f 是单射 $\Leftrightarrow$ 存在一个映射 $h: B \to A$ 使得 $hf = I_A$.

(6) f 是双射 $\Leftrightarrow$ 存在一个映射 $\pi: B \to A$ 使得 $f\pi = I_B$.

以上 I_A, I_B 分别为 A, B 上的单位映射.

1.1　代　数

对本书中常用集合约定使用下面记号: 自然数集合 $\mathbf{N}$; 正整数集合 $\mathbf{Z}^+$; 整数集合 $\mathbf{Z}$; 有理数集合 $\mathbf{Q}$; 实数集合 $\mathbf{R}$; 复数集合 $\mathbf{C}$.

"泛代数" 是研究代数的一般性的定理和性质, 这些代数是有唯一值和广泛的定义、有限算子等, 这些概念下面会分别给出.

本书讨论的是**近世代数** (modern algebra), 所以首先引入代数的定义.

定义 1.1.1　一个**代数**(algebra)A 是一个对 (S, F), 其中 S 是一个非空集合, F 是一些运算的集合, 其中每个 $f_\alpha \in F$ 为 S 到 S 内的一个幂集 $S^{n(\alpha)}$ 的映射, 这里 $n(\alpha)$ 为一个适当的非负有限整数.

也可表述为, 给每个算子 f_α 指定 S 中元素的 $n(\alpha)$-对 $(x_1, \cdots, x_{n(\alpha)})$, 有 S 中的一个值 $f_\alpha(x_1, \cdots, x_{n(\alpha)})$, 即 f_α 在序列 $x_1, \cdots, x_{n(\alpha)}$ 完成运算.

若 $n(\alpha) = 0$, 则运算 f_α 称为**空运算**(nullary), 它选取 S 中的一个固定元 (例如群的单位元, 或格中的最小元, 或最大元).

若 $n(\alpha) = 1$, 则运算 f_α 称为**一元运算**(unary).

若 $n(\alpha) = 2$, 则运算 f_α 称为**二元运算**(binary).

若 $n(\alpha)=3$, 则运算 f_α 称为**三元运算**(ternary).

以此类推.

例 5　(1) 令 $\mathbf{R}$ 为全体实数, "+" 为通常意义下的实数加法, 则 "+" 为 $\mathbf{R}$ 上的一个二元运算, 并且 $(\mathbf{R}, +)$ 为一个代数.

(2) 在一个集合 S (例如实数集合) 上定义两个二元运算 + 和 · (即通常意义的乘法 ×), 以及两个一元运算 $x \to -x$ 和 $x \to x^{-1}$, 在上述定义的代数意义下, 则 S 不是一个代数, 因为 0^{-1} 无定义. 如果我们给 0^{-1} 为 0, 那么上述 S 为一个代数, 并且对于所有 x, y 有 $(xx^{-1})y = y$.

泛代数的许多结果可以推广到带有无限算子的集合上 (也称为 "无限代数"), 也可以推广到非广泛意义的算子上 (也称为 "部分代数"). 例如, 可以考虑许多拓扑空间为一个特殊的 "逆" 运算 $x_n \to x$.

下面内容中考虑的子代数、映射、直积等定义都可以分别扩展到拓扑空间为闭子空间、连续映射、笛卡儿积等, 但是这里不讨论这些扩张问题, 有兴趣的读者可自行考虑.

对于一个集合 S, 可以从子集合反映出 S 的一些性质. 众所周知:

①一个集合 S 自身有子集合, 当 (S, F) 为一个代数时, 自然会问有关 (S, F) 的子代数的内容.

②对于一族集合 $\{S_\tau, \tau \in \Gamma\}$, 从集合角度可以分别考虑集合族 $\{S_\tau, \tau \in \Gamma\}$ 的并集、交集; 当 $|\Gamma| = 2$ 时, 还会考虑每个 S_τ 的相对补集, $S_1 \backslash S_2, S_2 \backslash S_1$; 当 $(S_\tau, F_\tau), \tau \in \Gamma$ 为一族代数时, 则会提出对应的并集 $\cup_{\tau \in \Gamma} S_\tau$、交集 $\cap_{\tau \in \Gamma} S_\tau$ 是否关于 $F_\tau, \tau \in \Gamma$ 还是代数? 当 $|\Gamma| = 2$ 时, $S_1 \backslash S_2, S_2 \backslash S_1$ 是否关于 $F_\tau, \tau \in \Gamma$ 还是代数? 这些新的数学结构与原代数族 $(S_\tau, F_\tau), \tau \in \Gamma$ 的关系如何?

下面将分别一一回答上面的两个问题.

首先回答第一个问题①. 一个代数 (S, F), 首先有一个集合 S, 对于 S 的任意子集 B, B 与 (S, F) 的关系, 也就是对于一个代数 A, 子代数将是一个重要内容.

定义 1.1.2　令 $A=(S, F)$ 为一个代数, T 为 S 的一个子集. 若 T 关于 F 中的所有运算是封闭的, 或者说是 F-封闭的, 也即

$$\text{若 } f_\alpha \in F \text{ 且 } x_1, \cdots, x_{n(\alpha)} \in T, \text{ 则 } f_\alpha(x_1, \cdots, x_{n(\alpha)}) \in T,$$

这样称 T 为 A 的一个**子代数**(subalgebra).

注意　若代数 A 含有一个最小的非空子代数 (例如 A 为一个群, 只有一个单位元构成的子代数 —— 子群是存在的), 这时将不考虑空集为一个子代数.

易证, (1) 子代数 (T, F) 仍是一个代数.

(2) 若 (T, F) 是 (S, F) 的一个代数, 且 (U, F) 是 (T, F) 的一个子代数, 则 (U, F) 是 (S, F) 的一个子代数.

例 6　(1) 令 $\mathbf{Q}$ 为全体的有理数集, 则显然 $\mathbf{Q}$ 为实数集 $\mathbf{R}$ 的子集. 易知, $(\mathbf{Q}, +)$ 为 $(\mathbf{R}, +)$ 的一个子代数.

(2) 显然 $\mathbf{Z}$ 为有理数集 $\mathbf{Q}$ 的子集. 易知, $(\mathbf{Z}, +)$ 为 $(\mathbf{Q}, +)$ 的一个子代数. 此外, $(\mathbf{Z}, +)$ 为 $(\mathbf{R}, +)$ 的一个子代数.

子代数在代数研究中是一个非常重要的概念, 了解子代数的情况是了解代数结构的一个重要方面. 以下将回答第二个问题②.

例 7 在代数 $T_1=(S_1, f_1)$ 中, f_1 为一个二元运算, 在代数 $T_2=(S_2, f_2)$ 中, f_2 为一个四元运算. 如此易知道 $(S_1 \cup S_2, f_1, f_2)$ 将无任何意义, 这是因为, f_2 在 S_1 上无定义, f_1 在 S_2 上无定义.

此例说明, 当回答第二个问题②时, 必须是所讨论的代数族 $(S_\tau, F_\tau), \tau \in \Gamma$ 中的每个代数具有相同的运算定义, 也就是 $F_\tau, \tau \in \Gamma$ 中的每个元在 S_τ 以及其他的 Γ 中的元 S_α 也都有意义.

例 8 令 $S_1=$(所有非零的自然数, +), $S_2=$(所有负整数, +)(其中的 + 为通常的加法). 则可以证明 S_1 和 S_2 均为代数. 由于 $1 \in S_1$, $-1 \in S_2$, 然而 $1 + (-1) = 0 \notin S_1 \cup S_2$, 所以 $(S_1 \cup S_2, +)$ 不构成一个代数. 当然也不是 $(R, +)$ 的一个子代数.

下面证明子代数的一个结果.

定理 1.1.3 设 A 为一个代数, T_τ ($\tau \in \Gamma$) 为 A 的一族子代数, 则 $\cap_{\tau \in \Gamma} T_\tau$ 为 A 的一个子代数, 并且 A 为自身的一个子代数.

证明 若 $x_1, \cdots, x_{n(\alpha)} \in \cap_{\tau \in \Gamma} T_\tau$, 则对于任意 $\tau \in \Gamma$, 有 $x_1, \cdots, x_{n(\alpha)} \in T_\tau$.

因此对于任意 $\tau \in \Gamma$, 有 $f_\alpha(x_1, \cdots, x_{n(\alpha)}) \in T_\tau$, 所以 $f_\alpha(x_1, \cdots, x_{n(\alpha)}) \in \cap_{\tau \in \Gamma} T_\tau$.

当学习完第 4 章之后可以完成如下的推论.

推论 1.1.4 任何一个代数 A 的所有子代数构成一个完备格. 反之, 任何一个格 L 同构于它的所有主理想构成的格.

定义 1.1.5 设 $A=(S, F)$ 为一个代数, T 为 A 的一个子集, S_α 为 A 的所有包含 T 的所有子代数, $\overline{T} = \cap S_\alpha$ 称为由 T**生成的子代数**, T 为 $\overline{T}$ 的**生成元**.

可以证明 $T \to \overline{T}$ 为一个 A 上的闭包运算.

提示 一个运算 C 称为闭包运算, 如果 C 满足

(1) $X \subseteq C(X)$;

(2) $X \subseteq Y \Rightarrow C(X) \subseteq C(Y)$;

(3) $C(C(X)) = C(X)$.

1.2 同 态

现在研究两个代数之间的关系. 对于两个代数, 我们只对那些保持运算的关系感兴趣.

现在对于算子集 F 中的每个 f_α 均固定, 当 $n(\alpha)$ 也固定时, 考虑代数 $A=(S, F)$ 的变化量 S, 称这样的**代数相似**.

下面先从映射的定义开始.

定义 1.2.1 令 $A=(S,F)$ 和 $B=(T,F)$ 为两个代数.

函数 $\varphi: S \to T$ 称为 A 和 B 之间的一个**同态**(或称射)(morphism) 当且仅当, 对于所有 $f_\alpha \in F$ 和 $x_t \in S$ 有

$$f_\alpha(\varphi x_1, \cdots, \varphi x_{n(\alpha)}) = \varphi(f_\alpha(x_1, \cdots, x_{n(\alpha)})) \quad \text{(此式也称为\textbf{替换性质})}$$

成立.

若同态 φ 为满射 (或称在上的), 则称为**满同态**(epimorphism).

若 φ 为单射 (或称一一的), 则称为**单同态**(monomorphism).

若 φ 为双射 (即一一的和在上的), 则称 φ 为**同构** (isomorphism).

一个代数到自身的同构称为**自同构**(automorphism).

一个代数到自身的同态也称为**自同态**(endomorphism).

由同态的定义可以推出下面的 (1) 和 (2):

(1) 对于两个代数 $A = (S, F_A)$ 和 $B = (T, F_B)$, 只有当 $F_A = F_B$ 时, 才能够讨论一个映射 $\varphi : S \to T$ 是否为 A 与 B 之间的一个同态.

(2) 两个代数 A 与 B 之间的一个同态 φ 是 A 与 B 之间的一个映射 (map), 并且保持运算.

易证下面的 (3)~(5):

(3) 若 $\varphi: A \to B$ 和 $\psi: B \to C$ 是同态, 则它们的合成 $\psi\varphi: A \to C$ 也是同态. 特别地, 此结论对一个代数到自身的同态也成立.

(4) 由于映射的合成是满足结合律的, 所以有: 任意个抽象代数的子同态形成一个有单位元的半群.

(提示: 用第 2 章相关定义可以直接验证).

(5) 若一个同态 $\psi: A \to A$ 为一个双射, 则它的逆 ψ^{-1} 是一个自同构. 这是由于

$$\psi^{-1}f_\alpha(x_1, \cdots, x_{n(\alpha)}) = \psi^{-1}(f_\alpha(\psi\psi^{-1}(x_1), \cdots, \psi\psi^{-1}(x_{n(\alpha)}))),$$

$$\psi^{-1}\psi(f_\alpha(\psi^{-1}x_1, \cdots, \psi^{-1}x_{n(\alpha)})) = f_\alpha(\psi^{-1}x_1, \cdots, \psi^{-1}x_{n(\alpha)}).$$

定理 1.2.2 令 φ 为代数 A 到 B 的一个同态, 则

(1) 若 T 为 A 的子代数, 则 $\varphi(T)$ 是 B 的子代数.

(2) 若 U 是 B 的子代数, 则 $\varphi^{-1}(U)$ 是 A 的子代数.

证明   (1) 给定 $f_\alpha \in F$ 和 $y_1, \cdots, y_{n(\alpha)} \in \varphi(T)$, 选取 $x_1, \cdots, x_{n(\alpha)} \in T$ 满足 $\varphi(x_i) = y_i$ $(i = 1, \cdots, n(\alpha))$.

由于 T 是一个子代数, 所以 $f_\alpha(x_1, \cdots, x_{n(\alpha)}) \in T$.

因此, 利用定义 1.2.1, 有

$$f_\alpha(y_1, \cdots, y_{n(\alpha)}) = f_\alpha(\varphi(x_1), \cdots, \varphi(x_{n(\alpha)})) = \varphi(f_\alpha(x_1, \cdots, x_{n(\alpha)})) \in \varphi(T),$$

故此证明了 $\varphi(T)$ 是 B 的一个子代数.

(2) 给定 $f_\alpha \in F$ 和 $x_1, \cdots, x_{n(\alpha)} \in \varphi^{-1}(U)$, 由 φ^{-1} 的定义, 每个 $y_i = \varphi(x_i) \in U$, 因此根据 U 是一个子代数, 由定义 1.1.2 和定义 1.2.1 有

$$\varphi(f_\alpha(x_1, \cdots, x_{n(\alpha)})) = f_\alpha(\varphi(x_1), \cdots, \varphi(x_{n(\alpha)})) = f_\alpha(y_1, \cdots, y_{n(\alpha)}) \in U,$$

故有 $f_\alpha(x_1, \cdots, x_{n(\alpha)}) \in \varphi^{-1}(U)$.

特别地, 若 T 是由 k 个元 $x_1, \cdots, x_k$ 生成, 则 $\varphi(T)$ 是由 $\varphi(x_1), \cdots, \varphi(x_k)$ 生成. 对于任一个代数 $A=(S, F)$, 可以对它的原始算子集 F 进行扩张, 其方法是填充以下几点:

(i) A 的自同构集合 F_1, 或

(ii) A 的自同态集合 F_2, 或

(iii) A 的全体在上的自同态 (即满自同态) 全体 F_3.

$A_1 = (S, F \cup F_1)$ 的子代数叫做 A 的**特征子代数**(characteristic subalgebra);

$A_2 = (S, F \cup F_2)$ 的子代数叫做 A 的**全特征子代数**(fully characteristic subalgebra);

$A_3 = (S, F \cup F_3)$ 的子代数叫做 A 的**严格特征子代数**(strictly characteristic subalgebra).

上述算子 F_1, F_2, F_3 全都是一元运算.

结合第 4 章可以得到, 它们分别是 A 的特征格、全特征格、严格特征格, 并且它们分别是 A 的全体子代数构成的完备格的闭子格 (建议读者学习第 4 章后自行完成这部分证明).

1.1~1.2 两节内容对于部分无限代数也成立.

1.3　合同关系

设 A 为一个代数, φ 为 A 上的一个满同态. 下面将证明, 在同构意义下, 完全可以由研究 A 上的等价关系而决定出它的满同态像 $\varphi(A)$ 的性质.

定义 1.3.1　设 A 为一个代数, 则称二元关系 θ 为 A 上的一个**等价关系**, 此时 $x\theta y$ 也写成 $x \equiv y(\mathrm{mod}\theta)$. 若 θ 满足

(1) 自身性: $x\theta x$.

(2) 对称性: $x\theta y \Rightarrow y\theta x$.

(3) 传递性: $x\theta y, y\theta z \Rightarrow x\theta z$.

用 A/θ 表示 A 上的关于等价关系 θ 的等价类全体.

定义 1.3.2　令 $A = (S, F)$ 为一个代数, θ 为 A 上的一个等价关系, 若对于 $\forall f_\alpha \in F$,

$$x_i \equiv y_i (\mathrm{mod}\theta)(i=1,\cdots,n(\alpha)) \Rightarrow f_\alpha(x_1,\cdots,x_{n(\alpha)}) \equiv f_\alpha(y_1,\cdots,y_{n(\alpha)})(\mathrm{mod}\theta),$$

则称 θ 为 A 上的一个**合同关系**.

　　定理 1.3.3　令 φ 为代数 A 到代数 B 内的一个同态, θ 为 A 上的一个二元关系. 若 $x\theta y$ 定义为 $\varphi(x)=\varphi(y)$, 则 θ 是 A 上的一个合同关系.

　　证明　因为相等关系是满足自身性、对称性和传递性的, 所以 θ 是一个等价关系, 从而由定义 1.2.1 断言, 若 $x_i\theta y_i$ $(i=1,\cdots,n(\alpha))$, 则

$$f_\alpha(x_1,\cdots,x_{n(\alpha)}) \equiv f_\alpha(y_1,\cdots,y_{n(\alpha)})(\mathrm{mod}\theta),$$

也即, 此等价关系为一个合同关系.

　　反过来, 我们有

　　定理 1.3.4　设 θ 为一个代数 $A=(S,F)$ 上的一个合同关系, 令 $x \to p_\theta(x)$ 为一个映射, 其中 $x \in S$, $p_\theta(x)$ 为 x 在 S/θ 中的等价类, 则如下定义的 S/θ 上的算子

$$f_\alpha : f_\alpha(p_\theta(x_1),\cdots,p_\theta(x_{n(\alpha)})) = p_\theta(f_\alpha(x_1,\cdots,x_{n(\alpha)})) \tag{1.1}$$

定义了一个代数 $B=(S/\theta,F)$ 相似于 A, 进一步地, 映射是从 A 到 B 上的一个满同态.

　　证明　由替换性质, 由式 (1.1) 定义的函数为在上的并且是具有唯一值的. 另外, 对于全体 $n(\alpha)$-对是有意义的, 其余的验证工作读者可自行完成.

　　定理 1.3.4 中的代数 B 用符号 A/θ 表示. 由式 (1.1), 映射 $x \to p_\theta(x)$ 是 A 到 A/θ 上的一个满同态; 反之, 若 $\varphi : A \to B$ 是任一个满同态, 则由定理 1.3.3, B 的元素是 A/θ 的等价类, 并且由定义 1.3.2, B 的算子恰好是代数 $(S/\theta,F)$ 具有的算子全体, 这事实上是完成了下述定理 1.3.5 的证明.

　　定理 1.3.5　任一个代数 A 的满射的像是由 A 上的合同关系 θ 定义的代数 A/θ.

　　定理 1.3.5 可以形象地用图 1.3.1 表示.

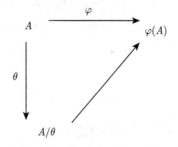

图 1.3.1　满射的像与合同关系间的映射交换示意图

定义 1.3.6 设 A 为一个代数, 在 A 上所有的合同关系上可以定义一个**偏序关系**:

若 $x \equiv y(\mathrm{mod}\theta) \Rightarrow x \equiv y(\mathrm{mod}\theta')$, 则有 $\theta \leqslant \theta'$.

记 A 上所有合同关系连同上面定义的关系为 $\Theta(A)$.

可以验证 $\Theta(A)$ 满足自身性、反对称性 (即: $\theta \leqslant \theta'$ 并且 $\theta' \leqslant \theta \Rightarrow \theta = \theta'$)、传递性. 所有 $\Theta(A)$ 中的元均大于 O 并且小于 I, 其中 O, I 分别定义如下:

$$x \equiv y(\mathrm{mod}O) \Leftrightarrow x = y;$$

$$x \equiv y(\mathrm{mod}I), \text{对于所有的 } x, y \in A \text{ 都成立}.$$

当然, 这两个合同关系称为**平凡合同关系**.

设 S 为一个集合, 称

$$C = \{S_i | S_i \cap S_j = \varnothing, \cup_i S_i = S, i \neq j\}$$

为 S 的一个**划分**.

定理 1.3.7 令 $B = A/\theta$ 为代数 A 的任一个满同态像, 则对于 A 上的合同关系 $\theta' \geqslant \theta$, 导出 B 上的合同关系一定是 B 上的划分.

证明 若 $\varphi: A \to B$ 是由 θ 定义的满同态, ψ 为 B 上的一个合同关系, 定义 $x\theta'y \ (x, y \in A)$ 为

在 B 中, 有 $\varphi(x) \equiv \varphi(y)(\mathrm{mod}\psi)$ 成立,

则 θ' 为 A 上的一个等价关系且 $\theta' \geqslant \theta$ 满足定义 1.2.1 的替换性质.

反之, 如果 $\theta' \geqslant \theta$ 为 A 上的一个合同关系, 并且 $u\psi v(u, v \in B)$ 定义为

若有一个 $x\theta'y$ 成立, 则对于任何在 A 中的 $x \in \varphi^{-1}(u)$ 和 $y \in \varphi^{-1}(v)$ 也都有 $x\theta'y$ 成立.

那么, 可以得到 B 上的一个等价关系具有替换性质.

事实上, 定理 1.3.7 为群论的第二同构定理的一个特殊情况.

定义 1.3.8 令 $A = (S, F)$ 为一个代数. A 的一个**平移**(translation) 定义为如下形式的一个一元运算:

$$g_{\alpha, c_k}(x) = f_\alpha(c_1, \cdots, c_{k-1}, x, c_{k+1}, \cdots c_{n(\alpha)}), f_\alpha \in F(c_i \text{ 为适当的常量}).$$

引理 1.3.9 A 上的一个等价关系是一个合同关系, 当且仅当, 对于 A 上的每个平移均满足替换性质.

证明 显然满足必要性.

下证充分性.

若 $x_k\theta y_k$ $(k=1, 2, \cdots, n(\alpha))$，则

$$f_\alpha(y_1,\cdots,y_{k-1},x_k,\cdots,x_{n(\alpha)})\theta f_\alpha(y_1,\cdots,y_k,x_{k+1},\cdots,x_{n(\alpha)})$$

$$\text{（其中 } k = 1,\cdots,n(\alpha) - 1\text{）}.$$

再由定义 1.3.8 的平移有 $f_\alpha (x_1, \cdots, x_{n(\alpha)})\theta f_\alpha(y_1, \cdots, y_{n(\alpha)})$，
从而所需得证.

关于合同关系其他一些性质的讨论，读者可以参见参考文献中的有关具体代数结构的合同关系内容.

1.4　代数的直积

对于两个代数 $A=(X,F)$ 和 $B=(Y,F)$，可以构造 $A\times B=(X\times Y,F)$，其中 $X\times Y$ 为集合 X 与集合 Y 的直积；对于 $\forall f_\alpha \in F$ 和 $n = n(\alpha)$，定义

$$f_\alpha((x_1,y_1),\cdots,(x_n,y_n)) = (f_\alpha(x_1,\cdots,x_n),f_\alpha(y_1,\cdots,y_n)),$$

称 $A\times B$ 为代数 A 与代数 B 的**直积** (direct product).

更一般地，设 $A_r = (S_r,F)$ 为一个代数 $(r \in \Gamma)$，定义代数的**直积** $\Pi_\Gamma A_r$ 为：作为函数集合 α: $r \to \alpha(r) \in A_r$，并且 $f_\alpha(a_1,\cdots, a_{n(\alpha)}) = b$: $r \to f_\alpha(a_1(r),\cdots, a_{n(\alpha)}(r)) \in \Pi_\Gamma A_r$.

易证下面两个同构关系成立：

(1) $A \times B \cong B \times A$.

(2) $A \times (B \times C) \cong (A \times B) \times C$.

也可以在代数直积上构造合同关系如下：

定理 1.4.1　设 θ_A 和 θ_B 分别为代数 $A = (X, F)$ 和 $B = (Y, F)$ 上的合同关系，定义

$$(a,b) \equiv (a_1,b_1) \text{ 当且仅当 } a\theta_A a_1, \text{ 同时 } b\theta_B b_1, \tag{1.2}$$

则此关系为 $A \times B$ 上的一个合同关系.

记式 (1.2) 生产出的合同关系为 $\theta_A \times \theta_B$.

证明　显然.

易证：$(A/\theta_A) \times (B/\theta_B) = (A \times B)/(\theta_A \times \theta_B)$.

此处略去证明，读者可以自行补证.

一般地，不是 $A \times B$ 上每个合同关系都具有 $\theta_A \times \theta_B$ 的形式，例如：$G = \{0,1\}$ 为模 2 加群 (即：$G = \{y|$ 存在 $x \in \mathbf{Z}^+$，x 除以 2 的余数为 $y\}$，在 G 上定义了一个

加法为 0+0=0, 0+1=1, 1+0=1, 1+1=0), 则在 $G \times G$ 上的合同关系 (当然也是等价关系) 类为 $\{[0, 0], [1, 1]\}, \{[1, 0], [0, 1]\}$ 而这是一个合同关系, 却不是一个乘积合同.

定义 1.4.2 (1) 设 $A_r = (X_r, F)$ 为一组相似代数. 如果下面条件成立, 那么称 $C=(S, F)$ 为这组代数的直积的一个子代数:

对于 $x_r \in X_r$, 存在一个元 $c \in S$ 使得 x_r 为它在 A_r 中的分量.

(2) 设 $\varphi: A \to C$ 为一个代数 $A=(X, F)$ 到一组相似代数 $A_r=(X_r, F)$ 的子直积上的一个满同态, 则称 φ 为作为 A_r 的子代数直积的 A 的一个 **表示**.

*1.5　模糊代数的基础知识

1965 年, 美国控制论专家扎德 (Zadeh) 提出了模糊集合的概念, 并且此理论已成为处理不确定信息的基本工具之一. 1971 年, 罗森费尔德 (Rosenfeld) 引入了模糊子群的定义, 开启了模糊代数学的研究. 本节主要介绍模糊代数的基础知识.

定义 1.5.1 设 X 是论域, 称映射

$$\mu_{\underset{\sim}{A}} : X \to [0,1]$$
$$x \mapsto \mu_{\underset{\sim}{A}}(x) \in [0,1]$$

确定了 X 上的一个 **模糊子集**(fuzzy set) $\underset{\sim}{A}$. 映射 $\mu_{\underset{\sim}{A}}$ 称为 $\underset{\sim}{A}$ 的 **隶属函数** (membership function), $\mu_{\underset{\sim}{A}}(x)$ 称为 x 对 $\underset{\sim}{A}$ 的隶属度. X 上的所有模糊子集的全体记为 $\mathfrak{F}(X)$.

注意 若 $X = \{e_1, e_2, \cdots, e_n\}$, $\mu_{\underset{\sim}{A}}(e_i) = a_i \in [0,1]$, $i = 1, 2, \cdots, n$, 则模糊集 $\underset{\sim}{A}$ 可表示为

$$\underset{\sim}{A} = \frac{a_1}{e_1} + \frac{a_2}{e_2} + \cdots + \frac{a_n}{e_n} \quad \text{或} \quad \underset{\sim}{A} = \{(a_1, e_1), (a_2, e_2), \cdots, (a_n, e_n)\},$$

其中隶属度为 0 的项可略去不写.

定义 1.5.2 设 $\underset{\sim}{A}, \underset{\sim}{B} \in \mathfrak{F}(X)$,

(1) $\underset{\sim}{A} = \varnothing \Leftrightarrow \mu_{\underset{\sim}{A}}(x) = 0, \forall x \in X$; $\underset{\sim}{A} = X \Leftrightarrow \mu_{\underset{\sim}{A}}(x) = 1, \forall x \in X$.

(2) 若 $\forall x \in X, \mu_{\underset{\sim}{A}}(x) \leqslant \mu_{\underset{\sim}{B}}(x)$, 则称 $\underset{\sim}{B}$ **包含** $\underset{\sim}{A}$, 记为 $\underset{\sim}{A} \subseteq \underset{\sim}{B}$.

(3) 若 $\underset{\sim}{A} \subseteq \underset{\sim}{B}$, 且存在 $e \in X$ 使得 $\mu_{\underset{\sim}{A}}(e) < \mu_{\underset{\sim}{B}}(e)$, 则称 $\underset{\sim}{B}$ **真包含** $\underset{\sim}{A}$, 记为 $\underset{\sim}{A} \subset \underset{\sim}{B}$.

(4) 若 $\forall x \in X, \mu_{\underset{\sim}{A}}(x) = \mu_{\underset{\sim}{B}}(x)$, 则称 $\underset{\sim}{A}$ 与 $\underset{\sim}{B}$ **相等**, 记为 $\underset{\sim}{A} = \underset{\sim}{B}$.

(5) 若 $\forall x \in X, \mu_{\overline{\underset{\sim}{A}}}(x) = 1 - \mu_{\underset{\sim}{A}}(x)$, 则称 $\overline{\underset{\sim}{A}}$ 为 $\underset{\sim}{A}$ 的 **补集**.

(6) $\underset{\sim}{A} \cup \underset{\sim}{B} = \underset{\sim}{C} \Leftrightarrow \mu_{\underset{\sim}{C}}(x) = \max\left\{\mu_{\underset{\sim}{A}}(x), \ \mu_{\underset{\sim}{B}}(x)\right\}$, 此时称 $\underset{\sim}{C}$ 为 $\underset{\sim}{A}$ 与 $\underset{\sim}{B}$ 的 **并集**.

(7) $A \cap B = D \Leftrightarrow \mu_D(x) = \min\left\{\mu_A(x),\ \mu_B(x)\right\}$, 此时称 D 为 A 与 B 的**交集**.

(8) 若 $\forall x \in X, \mu_{(A-B)}(x) = \min\left\{\mu_A(x),\ 1-\mu_B(x)\right\}$, 则称 $A - B$ 为 A 与 B 的**差集**.

(9) $\mathrm{Supp}(A) = \left\{x \middle| \mu_A(x) > 0\right\}$, 其中 $\mathrm{Supp}(A)$ 称为 A 的**支集**.

(10) $m(A) = \min\left\{\mu_A(x) \middle| x \in \mathrm{Supp}(A)\right\}$.

(11) A 的 r-**强截集**: $A_r = \left(A\right)_r = \left\{x \middle| \mu_A(x) > r\right\}, r \in [0,1)$.

(12) A 的 r-**截集**: $A_r = \left(A\right)_r = \left\{x \middle| \mu_A(x) \geqslant r\right\}, r \in (0,1]$.

注意　为方便起见, 隶属函数 $\mu_A(x)$ 可简记为 $A(x)$.

定理 1.5.3　设 $A, B, C \in \mathfrak{F}(X)$, 则有下列运算律成立:

(1) 幂等律 $A \cup A = A,\ A \cap A = A$.

(2) 交换律 $A \cup B = B \cup A,\ A \cap B = B \cap A$.

(3) 结合律 $(A \cup B) \cup C = A \cup (B \cup C),\ (A \cap B) \cap C = A \cap (B \cap C)$.

(4) 分配律 $A \cap (B \cup C) = (A \cap B) \cup (A \cap C),\ A \cup (B \cap C) = (A \cup B) \cap (A \cup C)$.

(5) 吸收律 $A \cap (A \cup B) = A,\ A \cup (A \cap B) = A$.

(6) 复原律 $\overline{(\overline{A})} = A$.

(7) 德·摩根律 (对偶律) $\overline{A \cup B} = \overline{A} \cap \overline{B},\ \overline{A \cap B} = \overline{A} \cup \overline{B}$.

但排中律与矛盾律均不成立, 即 $A \cup \overline{A} \neq X,\ A \cap \overline{A} \neq \varnothing$.

定义 1.5.4　设 X 与 Y 是两个论域, 则称

$$X \times Y = \{(x,y) \mid x \in X,\ y \in Y\}$$

的一个模糊子集 $R \in \mathfrak{F}(X \times Y)$ 为从 X 到 Y 的**模糊关系**(fuzzy relation), 记为 $X \xrightarrow{R} Y$, 且其隶属函数为映射

$$\mu_R : X \times Y \to [0,1]$$
$$(x,y) \to \mu_R(x,y) \in [0,1],$$

其中 $\mu_R(x,y)$ (简记为 $R(x,y)$) 表示 X 中的元素 x 和论域 Y 中的元素 y 关于模糊关系 R 的相关程度. 当 $X = Y$ 时, 则称 R 是 X 上的模糊关系.

特别地, 当 X 和 Y 都是有限论域时, 不妨设 $X = \{x_1, x_2, \cdots, x_m\}$, $Y = \{y_1, y_2, \cdots, y_n\}$, 则 R 可以表示为矩阵形式, 即

$$R = (r_{ij})_{m \times n}, \quad r_{ij} = R(x_i, y_j),$$

其中 $r_{ij} \in [0,1]$. 此时称矩阵 $\underset{\sim}{R}$ 为**模糊矩阵**(fuzzy matrix).

例 9　设某一地区人的身高与体重的论域分别为

$$X = \{x_1, x_2, x_3, x_4\}, \quad Y = \{y_1, y_2, y_3, y_4\},$$

其中身高和体重的模糊关系为 $\underset{\sim}{R} \in \mathfrak{F}(X \times Y)$, 具体可表示为模糊矩阵

$$\underset{\sim}{R} = \begin{bmatrix} r_{11} & r_{12} & r_{13} & r_{14} \\ r_{21} & r_{22} & r_{23} & r_{24} \\ r_{31} & r_{32} & r_{33} & r_{34} \\ r_{41} & r_{42} & r_{43} & r_{44} \end{bmatrix} = \begin{bmatrix} 1 & 0.7 & 0.3 & 0 \\ 0.7 & 1 & 0.8 & 0.2 \\ 0.3 & 0.8 & 1 & 0.6 \\ 0 & 0.2 & 0.6 & 1 \end{bmatrix}.$$

这里 $\underset{\sim}{R}(x_i, y_j) = r_{ij}, i, j \in \{1,2,3,4\}$, 例如 $\underset{\sim}{R}(x_2, y_3) = r_{23} = 0.8$ 表示身高 x_2 与体重 y_3 关于模糊关系 $\underset{\sim}{R}$ 的相关程度为 0.8.

定义 1.5.5　设 $\underset{\sim}{R}$ 是 X 到 Y 的模糊关系, $\underset{\sim}{S}$ 是 Y 到 Z 的模糊关系, 定义 $\underset{\sim}{R}$ 和 $\underset{\sim}{S}$ 的**合成** (composition) $\underset{\sim}{Q} = \underset{\sim}{R} \circ \underset{\sim}{S}$ 是 X 到 Z 的模糊关系, 且其隶属函数为

$$\underset{\sim}{R} \circ \underset{\sim}{S}(x, z) = \bigvee_{y \in Y}(\underset{\sim}{R}(x, y) \wedge \underset{\sim}{S}(y, z)), \quad \forall x \in X, \forall z \in Z.$$

当 $\underset{\sim}{R}$ 是 X 上的模糊关系时, 一般记 $\underset{\sim}{R}^2 = \underset{\sim}{R} \circ \underset{\sim}{R}, \underset{\sim}{R}^n = \underset{\sim}{R}^{n-1} \circ \underset{\sim}{R}$.

对于有限论域 $X = \{x_1, x_2, \cdots, x_m\}, Y = \{y_1, y_2, \cdots, y_s\}, Z = \{z_1, z_2, \cdots, z_n\}$, 若 $\underset{\sim}{R} = (r_{ij})_{m \times s}$ 为 X 到 Y 的模糊关系, $\underset{\sim}{S} = (s_{jk})_{s \times n}$ 为 Y 到 Z 的模糊关系, 则 $\underset{\sim}{R}$ 和 $\underset{\sim}{S}$ 的合成为

$$\underset{\sim}{R} \circ \underset{\sim}{S} = \underset{\sim}{Q} = (q_{ik})_{m \times n},$$

其中 $q_{ik} = \bigvee_{j=1}^{s}(r_{ij} \wedge s_{jk})$. 这里, $\underset{\sim}{Q}$ 也可称为模糊矩阵 $\underset{\sim}{R}$ 和 $\underset{\sim}{S}$ 的合成.

定义 1.5.6　设 $\underset{\sim}{R}$ 是 X 上的模糊关系, 则有

(1) 自反性: $\forall x \in X$, 都有 $\underset{\sim}{R}(x, x) = 1$.

(2) 对称性: $\forall x, y \in X$, 都有 $\underset{\sim}{R}(x, y) = \underset{\sim}{R}(y, x)$.

(3) 传递性: $\underset{\sim}{R} \circ \underset{\sim}{R} \subseteq \underset{\sim}{R}$.

定义 1.5.7　设 $\underset{\sim}{R}$ 是 X 上的模糊关系, 若 $\underset{\sim}{R}$ 同时具有自反性、对称性和传递性, 则称 $\underset{\sim}{R}$ 是**模糊等价关系**.

1.6　小　　结

本章扼要地介绍了代数结构方面的一些基本内容, 下面几章将分别具体地讨论几种代数结构.

第 2 章讨论群结构, 第 3 章研究环结构, 第 4 章简单介绍有关格结构的一些内容.

当学习完后面的每一章后, 可以结合第 1 章的一些内容, 看出它们的一些具体表现.

例如, 当学习完第 2 章, 可以结合这里的定义 1.4.2 得到关于群的直积的一些性质; 学习第 4 章结束后, 可以自己利用定义 1.4.2, 直接得到有关格的直积方面的定义, 并且读者还可讨论格的直积方面的一些性质.

当学习完第 2 章和第 4 章之后, 将它们的内容结合 1.4 节, 自行可以直接得到:

(1) 若 A 是一个群或是一个布尔格 (Boolean lattice), 则在 $\Theta(A)$ 中有 $\theta \wedge \theta' = \boldsymbol{O}$, $\theta \vee \theta' = \boldsymbol{I}$ 成立时, 蕴含 $A \cong (A/\theta) \times (A/\theta')$.

(2) 上面的结论对于每个分配格不一定成立.

这些表明, 这一章的内容具有一般性的指导意义, 对于具体的代数其表现形式不同, 并且在具体的代数表现方面, 各自有着自身的特点.

读者不要孤立地学习每章内容, 当学习之后, 结合第 1 章的内容再返回各章, 指导各章学习, 会发现它们之间的一些联系和区别, 那时第 1 章所具有的价值才更能体现出来.

学习完数学内容后, 做一些习题是必要的补充, 为了使得本章与后面几章有更多的联系, 此处也给出一些利用后面的具体代数可以完成一般内容讨论的方法来完成的习题, 作为选做内容.

习　题　1

1. 设 $A = (S, F)$ 为一个代数, F_2 为 A 的所有自同态全体. 证明, 若 A 有唯一一个仅含一个元的子代数, 则这个代数是全特征的.

2. 证明代数 A 上的任何合同关系可以导出 A 的每一个子代数上的一个合同关系.

3. (McKinsey 定理) 设 A, B 为含有两个元 $0, 1$ 的代数, 在模 2 的加法, 以及如下定义的一元运算: 在 A 中, $x' = x$; 在 B 中, $x' = 1 - x$. 证明: 虽然 A 与 B 可以不同构, 但是 $A \times B$ 同构于 $B \times A$.

4. C 为一条链是如果 C 满足: C 上定义了一个二元关系 $\leqslant$, 使得 $\leqslant$ 具有自身性、反对称性 (即 $x \leqslant y$ 且 $y \leqslant x \Rightarrow x = y$) 和传递性, 并且对于任何 $x, y \in C$, 都有 $x \leqslant y$ 或 $y \leqslant x$ 之一成立.

证明: 一条链上定义的合同关系恰好为它的一个划分.

5. 证明若 B 为 A/θ 的一个特征子代数, 则它的反像是 A 的一个特征子代数.

6. 设 $A = (S, F)$ 为一个代数, A 的一个子代数 T 为 A 的真子代数是 $T \neq A$, 若不含有 A 的真子代数 B 使得 T 为 B 的子代数, 则 T 称为 A 的**极大真子代数**. 定义 A 的 φ-**子代数** M 为 A 的极大真子代数的交.

证明: M 为 A 的一个特征子代数, 记为 $M \triangle A$.

7. 证明: 若 $B \triangle A$ 且 $C \triangle B$, 则 $C \triangle A$.

8. 证明关于全特征子代数和严格特征子代数有类似上述习题 7 的结论.

9. 设 $R = (S, F)$ 为一个带有两个二元运算 $+, *$ 的交换环, 构建一组交换环的公设, 并证明此处的子代数为子环.

(结合第 3 章的内容完成此题).

10. 设 $A = (S, F)$ 为一个一元代数 (unary algebra), 即仅有一元运算和与 0 元有关的运算 (也就是, 每个元映射为 0 (0-ary)). 证明 A 的子代数为一个完备的完全分配格.

(参考第 4 章的相关定义可以完成此题).

11. 设 $A = (S, F)$ 仅有与 0 元有关的运算. 证明 A 的子代数构成一个布尔格并且是格 2^S 的主对偶理想 (对偶理想也叫滤子).

(学习第 4 章的相关定义可以完成此题).

*12. 设 6 种专业构成集合 $U = \{u_1, u_2, u_3, u_4, u_5, u_6\}$, 专业就业率高的模糊集和专业就业率低的模糊集分别为

$$\underset{\sim}{A} = \frac{0.8}{u_1} + \frac{0.3}{u_2} + \frac{1}{u_3} + \frac{0.2}{u_5}, \quad \underset{\sim}{B} = \frac{0.9}{u_2} + \frac{0.5}{u_3} + \frac{0.2}{u_4} + \frac{1}{u_6}.$$

求 (1) $\underset{\sim}{A} \cup \underset{\sim}{B}$, $\underset{\sim}{A} \cap \underset{\sim}{B}$, $\bar{\underset{\sim}{B}}$, Supp $\underset{\sim}{A}$;

(2) 当 $\lambda = 0.8$ 时, 分别求专业就业率高和低的专业.

*13. 设 x_1, x_2, x_3, x_4, x_5 为 5 种不同的生物, 且其 "密切关系" 为

$$\underset{\sim}{R} = \begin{pmatrix} 1 & 0.5 & 0.4 & 0.8 & 0.6 \\ 0.5 & 1 & 0.7 & 0.5 & 0.4 \\ 0.4 & 0.7 & 1 & 0.6 & 0.5 \\ 0.8 & 0.5 & 0.6 & 1 & 0.4 \\ 0.6 & 0.4 & 0.5 & 0.4 & 1 \end{pmatrix}.$$

求 $\underset{\sim}{R} \circ \underset{\sim}{R}$.

第 2 章 群

本章介绍近世代数中最基本概念之一 —— 群, 它是近世代数中一个比较古老而内容丰富的分支, 有着广泛的应用, 如在代数编码领域和密码学中的应用, 以及在物理、量子力学、化学、计算机等领域的应用.

2.1 半 群

令 G 为一个非空集合, G 上的一个二元运算其实就是一个函数 $G \times G \to G$. 在一个二元运算作用下 (a, b) 的像, 通常有几种表示法: ab (乘法符号), $a + b$ (加法符号), $a \cdot b$, $a * b$ 等等, 为了方便起见, 本章中一般采用乘法符号用 ab 表示 a 和 b 在一个二元运算作用下 (a, b) 的像. 一个集合上可以定义有多个二元运算, 例如, 整数集合 $\mathbf{Z}$ 上定义的通常的加法和乘法, 对于这两种运算, 本章将分别表示为 $(a, b) \to a + b$ 和 $(a, b) \to ab$.

定义 2.1.1 设 G 为一个非空集合, 其上定义有一个二元运算 "·".

(i) "·" 满足如下性质:

对于任何的 $a, b, c \in G$, 有 $a(bc) = (ab)c$ (即满足结合律), 则称 $(G, \cdot)$ 为一个**半群**.

(ii) 对一个半群 G, 若 $e \in G$ 满足如下性质:

对于任何 $a \in G$, 有 $ae = ea = a$, 则称 e 为 G 的一个**单位元**(也称幺元)(identity element).

(iii) 对于任何 $a, b \in G$, 若 $ab = ba$ (交换律), 则称半群 G 为**交换的**(或阿贝尔的, Abelian). 一个交换半群的代数运算通常记作 "+", 称为加法.

(iv) 若 G 满足 (i) 和 (ii), 则 G 也可称为**幺半群**(monoid).

例 1 (1) 对于自然数集合 $\mathbf{N}$, 由于数的加法 + 和乘法 ×, 在 $\mathbf{N}$ 上均适合结合律与交换律, 所以 $(\mathbf{N}, +)$ 和 $(\mathbf{N}, \times)$ 均为交换半群, 并且两者均有单位元, 分别为 0 和 1.

(2) 负整数集 $\mathbf{Z}^-$ 关于数的加法也作成交换半群, 但是关于数的乘法不是半群, 这是因为 $(-5) \times (-2) \notin \mathbf{Z}^-$.

(3) 非零整数集 $\mathbf{Z} \backslash \{0\}$ 关于数的乘法为交换半群, 但是 $\mathbf{Z} \backslash \{0\}$ 关于数的加法不是半群, 这是因为 $(-1) + 1 = 0 \notin \mathbf{Z} \backslash \{0\}$.

(4) 设 $M_n(\mathbf{R})$ 为实数域上的 n 阶矩阵的全体. 则关于矩阵的加法 +, 有 $(M_n(\mathbf{R}),$ +) 为一个交换半群. 虽然在 $M_n(\mathbf{R})$ 上矩阵的乘法 * 满足结合律, 但是由于矩阵的乘法不适合交换律, 所以 $(M_n(\mathbf{R}), *)$ 为不可交换的半群.

(5) 设 G 为一个非空集合, 在 G 上定义一个二元运算 * 为 $x * y = x$, 则由于

$$(x * y) * z = x * z = x,$$

$$x * (y * z) = x * y = x,$$

所以适合结合律, 故而 $(G, *)$ 为一个半群.

虽然本章的主要兴趣在群上, 但是从最广泛的意义上讲, 用半群表述一些定理会更为方便.

定理 2.1.2　若 G 为一个拥有单位元的半群, 则单位元是唯一的.

证明　若 e, e' 是单位元, 则由定义 2.1.1 中的 (ii) 有 $e = ee' = e'$.

若 G 为一个拥有单位元的半群且其上的二元运算写作乘积的形式, 则 G 中的单位元将总是用 e 表示; 若 G 上的二元运算写作加法的形式, 则称 $a + b(a, b \in G)$ 为 a, b 的**和**, 并且用 0 表示单位元.

定义 2.1.3　设 G 是半群, $n \in \mathbf{N}, a \in G$.

(i) n 个 a 的连乘积称为 a 的 n 次幂, 记作 a^n, 即 $a^n = aa \cdots a(n \text{ 个 } a)$.

(ii) 若 G 是有单位元 e 的半群, 规定 $a^0 = e$.

(iii) 若存在 $b \in G$ 使 $ab = ba = e$, 则称 a 是**可逆元**, b 是 a 的一个逆元.

定理 2.1.4　设 G 为有单位元 e 的半群, $a \in G$. 若 a 是可逆元, 则 a 的逆元唯一. 将 a 的唯一逆元记作 a^{-1}.

证明　设 b, c 均为 a 的逆元, 则 $ba = ab = e, ca = ac = e$, 而

$$b = be = b(ab) = (ba)b = eb = (ca)b = c(ab) = ce = c,$$

因此, a 的逆元唯一.

当 G 为交换半群时, 此时 G 的代数运算常用加法表示, $a \in G$ 的逆元称为 a 的**负元**, 记作 $-a$, 即 $a + (-a) = 0$, 而将 $a + (-b)$ 简记为 $a - b$, 称为 a 与 b 的**差**.

定义 2.1.5　设 G 是有单位元的半群, $a \in G$ 是可逆元, $n \in \mathbf{Z}$, 规定 $a^n = (a^{-1})^{-n}$.

易证, (1) 在半群中, 幂的运算有下列性质:

$$a^m a^n = a^{m+n}, \quad (a^m)^n = a^{mn} \quad (\forall a \in G, m, n \in \mathbf{Z}).$$

(2) 对于有单位元的半群 $G, a, b \in G$. 若 a, b 是可逆元, 则 ab 也是可逆元, 并且 $(ab)^{-1} = b^{-1}a^{-1}$.

可以看出, 一个半群 $(S, \cdot)$ 是带有一个二元运算 $\cdot$ 的代数, 所以根据第 1 章中有关子代数的定义, 可以给出子半群的定义.

定义 2.1.6   设 G 是一个半群, T 为 G 的一个非空子集. 若 T 关于 G 的运算 $\cdot$ 封闭, 即任何 $a, b \in G$, 有 $a \cdot b \in G$, 则称 T 是 G 的一个**子半群**.

容易得到

定理 2.1.7   设 G 是一个半群, T 是 G 的一个子半群, T 关于 G 的乘法运算做成一个半群.

2.2   群

定义 2.2.1   设 G 为一个半群.

(i) 若 G 拥有单位元 e 且满足如下条件: 对每一个 $a \in G$, 存在一个元 $b \in G$ 使得

$$ab = ba = e, \tag{2.1}$$

则称 G 为一个**群**.

(ii) 一个群 G 的**阶**定义为 G 的基数 $|G|$.

当 $|G|$ 有限时, 称 G 为有限的, 否则称 G 为无限的.

结合定义 2.1.1 和定义 2.2.1 可知, 一个群是一个幺半群并且满足式 (2.1).

定理 2.2.2   若 G 为一个群, 则下列结论成立:

(i) $c \in G$ 并且 $c \cdot c = c \Rightarrow c = e$.

(ii) 对任意 $a, b, c \in G$, 则有

$$ab = ac \Rightarrow b = c \quad (左消去律);$$

$$ba = ca \Rightarrow b = c \quad (右消去律).$$

(iii) 对于 $a \in G$, 若存在 $b \in G$ 使得 $ab = ba = e$, 则这样的元 b 是唯一的, 称为元 a 的**逆元**, 记为 a^{-1}.

(iv) 对每个 $a \in G$, $(a^{-1})^{-1} = a$.

(v) 对任意 $a, b \in G$, $(ab)^{-1} = b^{-1}a^{-1}$.

(vi) 对任意 $a, b \in G$, 方程 $ax = b$ 和 $ya = b$ 在 G 中均有唯一解: $x = a^{-1}b$ 和 $y = ba^{-1}$.

证明   (i) $cc = c \Rightarrow c^{-1}(cc) = c^{-1}c \Rightarrow (c^{-1}c)c = c^{-1}c \Rightarrow ec = e \Rightarrow c = e$.

(ii), (iii) 和 (vi) 可类似 (i) 的证明得到.

(v) $ab(b^{-1}a^{-1}) = a(bb^{-1})a^{-1} = (ae)a^{-1} = aa^{-1} = e \Rightarrow (ab)^{-1} = b^{-1}a^{-1}$.

(iv) 可类似 (v) 的证明得到.

若 G 是一个群且其上的二元运算表示为加法形式, 则 $a \in G$ 的逆元通常记为 $-a$, 用 $a - b$ 表示 $a + (-b)$. 交换群通常用加法形式表示.

其实, 定义 2.2.1 关于群的定义可以有以下弱的多的表述形式.

定理 2.2.3 令 G 为一个半群, 则 G 是群当且仅当下面条件成立:

(i) 存在一个元 $e \in G$, 对于任何元 $a \in G$ 满足 $ea = a$ (左单位元).

(ii) 对每个元 $a \in G$, 存在一个元 $a^{-1} \in G$ 满足 $a^{-1}a = e$ (左逆元).

证明 分两步完成证明.

第一步: 当 G 是群.

所需结论显然.

第二步: 当 G 满足条件 (i) 和 (ii).

在此条件下, 对于任意的 $c \in G$, 必有 $c \cdot c = c \Rightarrow c = e$ 成立. 这是因为, 由 (ii) 知 $c^{-1}(cc) = c^{-1}c = e$, 进而 $(c^{-1}c)c = e$, 所以 $ec = e$, 再由 (i) 得 $c = e$.

由于 $e \in G$, 所以 $G \neq \varnothing$. 对于任意 $a \in G$, 由 (ii) 知

$$(aa^{-1})(aa^{-1}) = a(a^{-1}a)a^{-1} = a(ea^{-1}) = aa^{-1},$$

因此, 再由上面的结论得 $aa^{-1} = e$. 结合 (ii), 则说明 e 是 G 的单位元. 也说明 a^{-1} 是 a 的逆元.

若 $a \in G$, 则有 $ae = a(a^{-1}a) = (aa^{-1})a = ea = a$, 这表明 e 还是两面的单位元 (即是左、右单位元).

故而, 由定义 2.2.1, G 是一个群.

例 2 设 S 为一个半群, S 有左单位元 e_l, 即对任意 $a \in S$ 有 $e_l a = a$, 此外, S 中的每个元 a 都有右逆元 a_r, 即 $aa_r = e_l$, 问 S 是一个群吗?

回答: 不一定. 设 $B = \{e\}$, 在 B 上定义运算 $\cdot$ 如下: $e \cdot e = e$. 可以容易证明 $(B, \cdot)$ 为一个半群, 并且满足已知条件, 还为一个群.

设 A 是一个非空集合, 规定: $a \circ b = b$(对任意的 $a, b \in A$), 则 "$\circ$" 是 A 上的一个二元运算, 并且 $(a \circ b) \circ c = b \circ c = c, a \circ (b \circ c) = a \circ c = c$, 即 "$\circ$" 适合结合律, 此外, A 中任意元都是左单位元, 还满足每一个元关于这个左单位元皆有右逆元. 然而, 当 A 含有多于 1 个元素时, $(A, \circ)$ 没有右单位元. 因此 $(A, \circ)$ 不是一个群.

此例题说明, 定理 2.2.3 中要求的必须是半群 G 中存在左单位元同时每个元必须拥有左逆元 (或者半群 G 中存在右单位元同时每个元必须拥有右逆元), 才能够保证 G 为群. 而不能够是半群 G 中存在左 (右) 单位元同时每个元必须拥有右 (左) 逆元.

推论 2.2.4 令 G 为一个半群, 则 G 是一个群当且仅当对所有 $a, b \in G$, 方程 $ax = b$ 和 $ya = b$ 在 G 中有解.

证明 首先, 证明 G 有左单位元.

令 $yb = b$ 的一个解为 e, 则 $eb = b$.

任取 $a \in G$, 因 $bx = a$ 有解 d, 故有

$$ea = e(bd) = (eb)d = bd = a,$$

即 e 是 G 的一个左单位元.

其次, 证明 G 中每个元皆有左逆元.

任取 $a \in G, ya = e$ 有解 c, 即 c 是 a 的左逆元, 即 G 中每一个元皆有左逆元. 由以上两步以及定理 2.2.3 知, G 为一个群.

例 3　(1) 令 **Z** 为整数集, **Q** 为有理数集, **R** 为实数集, 则在通常加法定义下, 它们分别为无限交换群, 而在通常乘法定义下, 它们分别为拥有单位元的半群, 但不是群 (因为 0 没有逆元). 但是 **Q** 和 **R** 中的非零元将分别关于通常定义下的乘法形成无限交换群. 偶整数全体关于通常定义的乘法形成一个半群, 却没有单位元.

(2) 令 S 为一个非空集, $A(S)$ 为所有 $S \to S$ 的双射, 在函数合成 fG 意义下, $A(S)$ 是一个群, 这是因为合成满足结合律, 双射的合成仍为一个双射, I_S 为 S 上的单位映射是一个双射, 每个双射必有一个逆映射, 并且也是双射.

将 $A(S)$ 中的元素称为**置换**, $A(S)$ 称为 S 上的**置换群**.

若 $S = \{1, 2, 3, \cdots, n\}$ 且 $n < \infty$, 则称 $A(S)$ 为 n 个元的对称群, 并且用 S_n 表示. 易证 $|S_n| = n!$. S_n 在有限群中起着重要的作用, 因为 S_n 中的每个元 σ 是有限集 $S = \{1, 2, 3, \cdots, n\}$ 上的一个函数, 它可以表示为: S 上的元素列出一行, σ 映射的像直接写在该元素的下面

$$\begin{pmatrix} 1 & 2 & \cdots & n \\ i_1 & i_2 & \cdots & i_n \end{pmatrix}, \quad \sigma(t) = i_t (t = 1, 2, 3, \cdots, n).$$

S_n 上两个元的乘积 $\sigma\tau$ 是先 τ 后 σ 的合成, 也就是, S 上的函数 $\sigma\tau$: $k \to \sigma(\tau(k))$.

例如, 令

$$\sigma = \begin{pmatrix} 1 & 2 & 3 & 4 \\ 3 & 1 & 2 & 4 \end{pmatrix}, \quad \tau = \begin{pmatrix} 1 & 2 & 3 & 4 \\ 4 & 1 & 2 & 3 \end{pmatrix}$$

为 S_4 上的两个元, 则在 $\sigma\tau$ 下, $1 \mapsto \sigma(\tau(1)) = \sigma(4) = 4$ 等等.

因此

$$\sigma\tau = \begin{pmatrix} 1 & 2 & 3 & 4 \\ 3 & 1 & 2 & 4 \end{pmatrix} \begin{pmatrix} 1 & 2 & 3 & 4 \\ 4 & 1 & 2 & 3 \end{pmatrix} = \begin{pmatrix} 1 & 2 & 3 & 4 \\ 4 & 3 & 1 & 2 \end{pmatrix};$$

类似地,

$$\tau\sigma = \begin{pmatrix} 1 & 2 & 3 & 4 \\ 4 & 1 & 2 & 3 \end{pmatrix} \begin{pmatrix} 1 & 2 & 3 & 4 \\ 3 & 1 & 2 & 4 \end{pmatrix} = \begin{pmatrix} 1 & 2 & 3 & 4 \\ 2 & 4 & 1 & 3 \end{pmatrix}.$$

此例说明, S_n 不必是交换的.

(3) 设 U_n 表示 n 次单位根所成集合, n 是取定的自然数, 即 $U_n = \{e^{\frac{2k\pi}{n}i}, k = 0, 1, \cdots, n-1\}$, 则 U_n 关于数目乘法做成一个群.

(4) 令 m 为一个整数, $\mathbf{Z}_m$ 是 m 整除 $\mathbf{Z}$ 中的元的余数集, 即 $[x] = \{y \mid m \mid x - y, x, y \in \mathbf{Z}\}$ 的元的全体, 令 $[x] + [y] = [x + y]$, 则可以证明 $\mathbf{Z}_m$ 关于这个二元关系构成一个群, 称为 $\mathbf{Z}$ 的模 m 的**剩余类加群**, 并且 $\mathbf{Z}_m = \{[0], [1], [2], \cdots, [m-1]\}$.

2.3 同态与子群

对于任何代数对象类的研究核心是: 研究保持已给的代数结构的函数.

定义 2.3.1 令 G 和 H 是半群 (群), $f: G \to H$ 为一个映射.

(i) 若任何 $a, b \in G$, 有 $f(ab) = f(a)f(b)$, 则称 f 为一个**同态**.

(ii) 若同态 f 还是一个单 (满) 射, 则称 f 是一个**单 (满) 同态**.

(iii) 若同态 f 还是一个双射, 则称 f 为一个**同构**, 这时称 G 和 H 是同构的, 记作 $G \cong H$.

(iv) 一个同态 $G: G \to G$ 被称为 G 上的**自同态**.

若 G 为同构, 则称 G 为 G 上的**自同构**.

若 $f: G \to H$ 和 $g: H \to K$ 为两个半群同态, 易证 $gf: G \to K$ 也是同态. 同样地, 单 (满) 同态的合成也是单 (满) 同态, 类似地, 对于同构、自同态、自同构也有相似的结论.

定理 2.3.2 设 G 和 H 为两个群, e_H 和 e_G 分别为 G 和 H 的单位元. 若 $f: G \to H$ 为一个同态, 则 $f(e_G) = e_H$.

对于任何 $a \in G$, 有 $f(a^{-1}) = f(a)^{-1}$ 成立.

证明 首先证 $f(e_G) = e_H$.

由 $e_H(f(e_G)) = f(e_G) = f(e_G e_G) = f(e_G)f(e_G)$, 而 H 为一个群, 所以可以在上式消去 $f(e_G)$ 使得 $e_H = f(e_G)$.

其次证明 $f(a^{-1}) = f(a)^{-1}$ (对于任意 $a \in G$).

因为 $e_H = f(e_G) = f(aa^{-1}) = f(a)f(a^{-1})$, 并且

$$e_H = f(e_G) = f(a^{-1}a) = f(a^{-1})f(a),$$

即得 $e_H = f(a)f(a^{-1}) = f(a^{-1})f(a)$.

最后考虑群中逆元的定义可得 $f(a^{-1}) = (f(a))^{-1}$.

例 4 (1) 映射 $f:\mathbf{Z}\to\mathbf{Z}_m$, 定义为 $x\mapsto[x]$, 易证: f 为一个加法群的满同态. 称 f 为 $\mathbf{Z}$ 到 $\mathbf{Z}_m$ 上的**典型满同态**.

(2) 若 A 为交换群, 则易证: 映射 $a\mapsto a^{-1}$ 为 A 的一个自同构, 此外, 映射 $a\mapsto a^2$ 为 A 的一个自同态.

定义 2.3.3 令 $f:G\to H$ 为一个群同态, 称 $\{a\in G|f(a)=e\in H\}$ 为 f 的**核**, 记为 Ker f.

若 A 为 G 的一个子集, 则 $f(A)=\{b\in H|$ 存在 $a\in A$ 使得 $b=f(a)\}$ 称为 A 的**像**. $f(G)$ 称为 f 的像, 记为 Im f.

若 $B\subseteq H$, 则称 $f^{-1}(B)=\{a\in G|f(a)\in B\}$ 为 B 的**逆像**(也有称原像)(inverse image).

定理 2.3.4 令 $f:G\to H$ 为群同态, 则

(i) f 是单同态当且仅当 Ker $f=\{e\}$.

(ii) f 是同构当且仅当存在一个同态 $f^{-1}:H\to G$ 满足 $f^{-1}f=I_G$ 和 $ff^{-1}=I_H$. 此处 I_H 和 I_G 分别为 H,G 上的单位映射.

证明 设 e_H,e_G 分别为 H,G 的单位元.

(i) 若 f 是一个单同态且 $a\in$ Ker f, 则 $f(a)=e_H=f(e)$, 因此 $a=e$ 且 Ker $f=\{e\}$.

若 Ker $f=\{e\}$ 且 $f(a)=f(b)$, 则由于 $e_H=f(a)f(b)^{-1}=f(a)f(b^{-1})=f(ab^{-1})$, 必然导出 $ab^{-1}\in$ Ker f. 故而 $ab^{-1}=e$, 也即 $a=b$, 进一步地, f 是一个单同态.

(ii) 若 f 是一个同构, 则 f 是双射, 这样存在 $f^{-1}:H\to G$ 满足 $f^{-1}f=I_G$ 和 $ff^{-1}=I_H$, 易看出 f^{-1} 也是一个同态.

反之部分作为练习留给读者完成.(提示: 结合第 1 章 1.0 节的练习 11 可得所需.)

令 G 为一个半群, $H\subseteq G$ 且 $H\neq\varnothing$. 若对于任意 $a,b\in H$, 都有 $ab\in H$, 则说 H 关于 G 的乘积运算是**封闭**的. 这一表述指出, 若将 G 的二元运算限制在 H 上, 则为 H 上的一个二元运算.

定义 2.3.5 令 G 为一个群, H 为 G 的一个非空子集且 H 关于 G 中的乘积运算封闭. 若 H 关于 G 的乘法也构成一个群, 则 H 被称为 G 的一个**子群**, 记为 $H\leqslant G$.

事实上, 若依据 1.1 节中的讨论, 可以看出, 群 $(G,\cdot)$ 上存在两个运算, 一个是一元运算 "-1"(求逆元), 另一个是 G 上的二元运算 "·"(乘法), 存在特殊元 e, 所以由定义 1.1.2 可知, 对于一个群 G 的一个非空子集 H, 若 H 关于 G 上的求逆运算和二元运算均封闭, 则 H 为 G 的一个子群. 读者可自行证明此定义与定义 2.3.5 的等价性.

$\{e\}$ 和 G 显然为 G 的两个子群, 称为**平凡子群**.

若 $H \leqslant G, H \neq \{e\}, H \neq G$, 则称 H 为 G 的**真子群**.

例 5　$\mathbf{Z}_6 = \{[0],[1],[2],[3],[4],[5]\}$ 为一个群, 而 $\{[0],[3]\}$ 和 $\{[0],[2],[4]\}$ 为 $\mathbf{Z}_6$ 的两个子群. 若 p 为素数, 则 $\mathbf{Z}_p$ 没有真子群.

定理 2.3.6　设 $f : G \to H$ 为群同态. 则有如下结论成立.

(i) $\mathrm{Ker}\, f$ 为 G 的一个子群.

(ii) A 为 G 的一个子群, 则 $f(A)$ 为 H 的一个子群.

特别地, $\mathrm{Im}\, f$ 是 H 的一个子群.

(iii) 若 B 为 H 的一个子群, 则 $f^{-1}(B)$ 为 G 的一个子群.

证明　(i) 设 e_H 为 H 的单位元, 则 $\mathrm{Ker}\, f = \{x \in G | f(x) = e_H\} \subseteq H$.

由于 f 为同态, 考虑定理 2.3.2 可知, $f(e_G) = e_H$, 所以 G 的单位元 $e_G \in \mathrm{Ker}\, f$, 即 $\mathrm{Ker}\, f \neq \varnothing$.

任取 $x, y \in \mathrm{Ker}\, f$, 因为 f 为同态导出 $f(xy) = f(x)f(y) = e_H e_H = e_H$, 从而得 $xy \in \mathrm{Ker}\, f$.

再由定义 2.3.5 有 $\mathrm{Ker}\, f$ 为 H 的一个子群.

(ii) 由 A 为 G 的一个子群得到 $e_G \in A$, 便知 $f(e_G) = e_H \in f(A) \subseteq H$. 任取 $x, y \in f(A)$, 即存在 $a, b \in A$ 使得 $x = f(a), y = f(b)$.

再因 $f(ab) = f(a)f(b) = xy$, 说明 $f(A)$ 关于 H 的二元运算封闭,

所以, $f(A)$ 为 H 的一个子群.

(iii) 因为 $f^{-1}(B) = \{x \in G | \ 存在 \ b \in B \ 使得 \ f(x) = b\}$.

任取 $x, y \in f^{-1}(B)$, 则存在 $a, b \in B$ 使得 $f(x) = a, f(y) = b$ 成立.

由于 f 为同态导出 $f(xy) = f(x)f(y) = ab$, 而 B 为 H 的子群说明 $ab \in B$, 所以 $xy \in f^{-1}(B)$.

定理 2.3.7　令 H 为群 G 的一个非空子集, 则

$$H \leqslant G \Leftrightarrow ab^{-1} \in H \quad (\forall a, b \in H).$$

证明　充分性 $(\Leftarrow)$ 由于对于任意 $a, b \in H$ 都有 $ab^{-1} \in H$, 特别地, 取 $a = b \in H$, 则 $e = aa^{-1} \in H$ 成立. 因此, 对于任何 $b \in H$, 有 $b^{-1} = eb^{-1} \in H$, 这样有 $ab = a(b^{-1})^{-1} \in H$. 又由于 G 为群, 导出 H 中的乘积满足结合律, 从而 H 是一个子群.

必要性 $(\Rightarrow)$ 显然.

推论 2.3.8　(i) 若 G 是一个群, $\{H_i | i \in I\}$ 是一族非空子群, 则 $\cap_{i \in I} H_i$ 是 G 的一个子群.

(ii) 设 S 为群 G 的子集. 设 $H_i, i \in I$ 是群 G 中含 S 的所有子群, 则 $\cap_{i \in I} H_i$ 是含 S 的最小子群.

证明 (i) 因为 H_i 为 G 的非空子群, 所以 G 的单位元 $e \in H_i$, 进而 $e \in \cap_{i \in I} H_i$, 说明 $\cap_{i \in I} H_i$ 为 G 的一个非空子集.

任取 $x, y \in \cap_{i \in I} H_i$, 有 $x, y^{-1} \in H_i$ $(i \in I)$, 得 $xy^{-1} \in H_i$(因 $H_i \leqslant G, i \in I$), 所以 $xy^{-1} \in \cap_{i \in I} H_i$, 故 $\cap_{i \in I} H_i \leqslant G$.

(ii) $S \subseteq \cap_{i \in I} H_i$ 是显然的. 若 $S \subseteq T$ 且 T 是 G 的子群, 则 T 必是 H_i 中的某一个, 故有 $\cap_{i \in I} H_i \subseteq T$ 成立.

定义 2.3.9 设 G 为一个群, $X \subseteq G$, $\{H_i | i \in I\}$ 为 G 的所有包含 X 的子群族, 则称 $\cap_{i \in I} H_i$ 为 **X 生成的 G 的子群**, 记为 $\langle X \rangle$, 称 X 为 $\langle X \rangle$ 的**生成元**. 若 $X = \{a_1, \cdots, a_n\}$, 则记 $\langle X \rangle$ 为 $\langle a_1, \cdots, a_n \rangle$.

若 $G = \langle a_1, \cdots, a_n \rangle$ $(a_i \in G)$, 则称 G 为**有限生成群.**

若 $a \in G$, 称子群 $\langle a \rangle$ 为由 a 生成的**循环 (子) 群**(简称**循环群**).

当然 $\langle X \rangle$ 也可以有其他的生成元, 即 $X \neq Y$, 也会有 $\langle X \rangle = \langle Y \rangle$, 例如, 群 $\mathbf{Z}_3$ (即模 3 的剩余类加群) 中, 虽然 $[1] \neq [2]$, 但是 $\mathbf{Z}_3 = \langle [1] \rangle = \langle [2] \rangle$.

例 6 在 n 次单位根所成集合 U_n 中, 命 $\varepsilon = \mathrm{e}^{\frac{2\pi}{n} \mathrm{i}}$, 则 $U_n = \langle \varepsilon \rangle$, 即 U_n 是生成元为 ε 的循环群. 由于 n 有限, 所以 U_n 是有限循环群.

取任一 n 次本原单位根 ε^l, $(n, l) = 1$, 则 ε^l 也是 U_n 的一个生成元.

定理 2.3.10 设 G 为一个群, $X \subseteq G$ 且 $X \neq \varnothing$, 则由 X 生成的子群 $\langle X \rangle$ 是由所有形如 $a_1^{n_1}, a_2^{n_2}, \cdots, a_t^{n_t}$ $(a_i \in X; n_i \in \mathbf{Z})$ 的有限积组成. 特别地, 对每个 $a \in G$, 有 $\langle a \rangle = \{a^n | n \in \mathbf{Z}\}$.

证明 只需证明 $H = \{a_1^{n_1} a_2^{n_2} \cdots a_t^{n_t} | a_i \in X; n_i \in \mathbf{Z}\}$ 是 G 的一个子群且包含有 X, 并且证明 H 被包含于所有包含 X 的每个子群中, 从而 $H \leqslant \langle X \rangle \leqslant H$ 成立. 具体证明读者可以按照此思路补全.

例 7 (1) 加群 $(\mathbf{Z}, +)$ 就是一个由 1 生成的无限循环群, 这是因为 $m1 = m$(对于 $\forall m \in \mathbf{Z}$).

(2) 任何群的平凡子群 $\langle e \rangle$ 是循环的.

(3) 对于每个 m, 加群 $\mathbf{Z}_m$ 是阶为 m 的循环群, 生成元 $[1] \in \mathbf{Z}_m$.

设 $\{H_i | i \in I\}$ 为一个群 G 的一族子群, 则 $\cup_{i \in I} H_i$ 一般不是 G 的子群, $\langle \cup_{i \in I} H_i \rangle$ 被称作是由子群 $\{H_i | i \in I\}$ 生成的群.

若 H 和 K 为 G 的子群, 子群 $\langle H \cup K \rangle$ 被称作是 H 和 K 的**并**, 用 $H \cup K$ 表示. 若是加法, 则 $H \cup K$ 也记作 $H + K$.

2.4 循 环 群

循环群的结构相对简单, 此处将循环群在同构意义下加以特征化.

定理 2.4.1 加群 $\mathbf{Z}$ 的每个子群 H 是循环群, 并且 $H = \langle 0 \rangle$ 或者 $H = \langle m \rangle$, 此处 m 是 H 中最小的正整数. 若 $H \neq \langle 0 \rangle$, 则 H 是无限的.

证明 或者 $H = \langle 0 \rangle$ 或者 $H \neq \langle 0 \rangle$, 则 $H \neq \langle 0 \rangle$ 以及 $H \subseteq \mathbf{Z}$ 说明 H 必含有一个最小的正整数 m, 显然有 $\langle m \rangle = \{km | k \in \mathbf{Z}\} \subseteq H$.

反过来, 若 $h \in H$, 则 $h = qm + r$. 此处 $q, r \in \mathbf{Z}$, 并且 $0 \leqslant r < m$, 由于 $r = h - qm \in H$ 以及 m 的最小性, 导出 $r = 0$ 且 $h = qm$. 因此 $H \subseteq \langle m \rangle$.

若 $H \neq \langle 0 \rangle$, 显然地, $H = \langle m \rangle$ 是无限的.

定义 2.4.2 设 G 为一个群, $a \in G$, a 的阶是指循环群 $\langle a \rangle$ 的阶, 表示为 $|a|$.

例 8 取 $n = 3$, 则 U_3 为 3 次单位根所成集合对应的群. $\mathbf{Z}_3$ 为模 3 的剩余类加群. 于是, $\mathbf{Z}_3$ 的加法表与 U_3 的乘法表分别如表 2.4.1 和表 2.4.2 所示, 虽然 $\mathbf{Z}_3$ 与 U_3 中的元素完全不同, 但是二者的运算极为相似. 令 $f : \mathbf{Z}_3 \to U_3$ 为 $f : [0] \mapsto 1, [1] \mapsto \varepsilon, [2] \mapsto \varepsilon^2$,

可以验证 f 为一个群同构.

表 2.4.1 $\mathbf{Z}_3$ 的加法表

+	[0]	[1]	[2]
[0]	[0]	[1]	[2]
[1]	[1]	[2]	[0]
[2]	[2]	[0]	[1]

表 2.4.2 U_3 的乘法表

·	1	ε	ε^2
1	1	ε	ε^2
ε	ε	ε^2	1
ε^2	ε^2	1	ε

更一般地关于循环群有下面定理.

定理 2.4.3 每个无限循环群同构于 $\mathbf{Z}$, 每个阶为 m 的有限循环群同构于 $\mathbf{Z}_m (m \geqslant 1)$.

证明 首先, 假设 $G = \langle a \rangle$ 是一个无限循环群.

由于 G 为无限的, 所以 $a \neq e$, 否则 $|G|=1$, 矛盾. 又由于任何 $x \in G$, 由定理 2.3.10 知必有整数 t 存在使得 $x = a^t$

作映射 $\alpha : \mathbf{Z} \to G$ 定义为 $k \mapsto a^k$. 则由定理 2.3.10 以及定义 2.3.1 易知 α 是一个满同态.

又由定义 2.1.3 知, 有且仅有 $a^0 = e$, 而 $0 \in \mathbf{Z}$ 为 $\mathbf{Z}$ 的单位元, 故有 $\mathrm{Ker}\, \alpha = \{0\}$, 则结合定理 2.3.4(i) 可知 $\mathbf{Z} \cong G$;

其次, 假设 G 为一个有限循环群并且 $|G| > 1$.

由定理 2.3.10 知映射 $\alpha : \mathbf{Z} \to G$, $k \mapsto a^k$ 是一个满同态, 从定理 2.3.6 易知 Ker α 是 $\mathbf{Z}$ 的一个非平凡的子群. 这是因为此时必有 $a \neq e$, 否则与 $|G| > 1$ 矛盾. 如果 Ker $\alpha = \mathbf{Z}$, 那么 Im $\alpha = \{e\} \subset G$, 进而 G 的生成元 a 无原像, 与 α 是一个满同态矛盾.

因此, 由于循环群为交换的, 故由定理 2.4.1, Ker $\alpha = \langle m \rangle$, 此处 m 为满足 $a^m = e$ 的最小正整数.

对于全体 $r, s \in \mathbf{Z}$, 有

$$a^r = a^s \Leftrightarrow a^{r-s} = e \Leftrightarrow r - s \in \text{Ker } \alpha = \langle m \rangle \Leftrightarrow m|(r-s) \Leftrightarrow [r] = [s] \quad (\text{在 } \mathbf{Z}_m \text{ 中}),$$

此处 $[k]$ 表示 $k \in \mathbf{Z}$ 的合同类. 从而映射 $\beta : \mathbf{Z}_m \to G$ 定义为 $[k] \mapsto a^k$, 因为

$$\beta([k]) = e \Leftrightarrow a^k = e = a^0 \Leftrightarrow [k] = [0] \quad (\text{在} \mathbf{Z}_m \text{ 中}),$$

显然地, β 是一个满射.

所以由定理 2.3.4(i) 可知 β 是单同态, 这样 $\mathbf{Z}_m \cong G$.

注意　若群 G 满足 $|G| = 1$, 则显然 G 只有单位元一个元素组成, 这时 G 为一个有限循环群, 但是对于任何的自然数 $m > 1$, 都不会有 $\mathbf{Z}_m$ 同构于 G. 故在定理 2.4.3 中要求 $m \geqslant 1$.

定理 2.4.4　令 G 为一个群, $a \in G$.

若 a 是一个无限阶元, 则

(i) $a^k = e \Leftrightarrow k = 0$;

(ii) 每个元 $a^k (k \in \mathbf{Z})$ 是不同的.

若 a 的阶 m 为有限并且 $m > 0$, 则

(iii) m 是满足 $a^m = e$ 的最小正整数;

(iv) $a^k = e \Leftrightarrow m|k$;

(v) $a^r = a^s \Leftrightarrow r \equiv s (\text{mod} m)$;

(vi) $\langle a \rangle$ 由不同的元 $a, a^2, \cdots, a^{m-1}, a^m = e$ 组成;

(vii) 对于每个 k 满足 $k|m$, 则 $|a^k| = m/k$.

证明　(i)$\sim$(vi) 可以由定理 2.4.3 及其证明过程立刻可得.

(vii) $(a^k)^{m/k} = a^m = e$, $(a^k)^r \neq e$ 对于所有应该有 $0 < r < m/k$ 成立, 否则, $a^{kr} = e$ 导出 $kr < k(m/k) = m$ 与 (iii) 矛盾, 所以由 (iii) 立即可得 $|a^k| = m/k$.

由定义 2.4.2 以及定理 2.4.4 可知, 一个元 $a \in G$ 的阶可以定义为: 若有正整数 n, 使得 $a^n = e$, 而对于任何小于 n 的正整数 m, $a^m \neq e$, 则称 a 的阶为 n; 否则, 即对任意正整数 n 都有 $a^n \neq e$, 则有 a 的阶为无穷.

定理 2.4.5　循环群 G 的每个子群以及 G 的每个同态像都是循环的, 特别地, 若 H 为 $G = \langle a \rangle$ 的一个非平凡子群, 并且 m 是满足 $a^m \in H$ 的最小正整数, 则 $H = \langle a^m \rangle$.

证明　首先证明: G 的每个子群都是循环的.

由定理 2.4.3 知, 只需证明: 整数加群 $\mathbf{Z}$ 的每个子群都是循环的, 以及 G 有限时的每个子群都是循环的.

根据定理 2.4.1 知, 整数加群 $\mathbf{Z}$ 的每个子群都是循环的. 下面证明 G 为有限时的每个子群都是循环的.

设 H 为 G 的子群. 若 $H = \{e\}$, 则显然 H 是循环群. 若 $H \neq \{e\}$, 即存在 $a^k \in H$ 且 $k \neq 0$. 由于 H 为群, 所以 $a^{-k} \in H$. 故而不妨假设 k 为正整数. 设 r 为使得 $a^m \in H$ 的最小正整数, 往证: $H = \langle a^r \rangle$.

对于任意的 $a^k \in H$, 必有 $k = sr + t$. 如果 $t \neq 0$, 则 $a^t = a^{k-sr} = a^k(a^{-sr}) = a^k(a^r)^{-s} = a^k(a^{rs})^{-1} \in H$ 与 r 为最小矛盾. 所以 $t = 0$. 如此得到 $a^k = a^{sr} = (a^r)^s \in \langle a^r \rangle$, 所以有 $H \subseteq \langle a^r \rangle$, 而 $\langle a^r \rangle$ 是由 H 中元 a^r 生成的 G 的子群, 故有 $\langle a^r \rangle \subseteq H$. 从而 $H = \langle a^r \rangle$.

其次证明: G 的每个同态像都是循环的.

若 $f : G \to K$ 是群之间的一个同态.

当 $|G|$ 为无限时, 由定理 2.4.4 知 $G = \{a^k | k \in \mathbf{Z}\}$. 由于 f 是同态, 可以有 $f(a^k) = (f(a))^k$ $(k \in \mathbf{Z})$. 所以 f 的像 $\mathrm{Im}\, f = \{(f(a))^k | k \in \mathbf{Z}\} = \langle f(a) \rangle$, 显然 $\mathrm{Im}\, f$ 为一个循环群.

当 $|G| = m$ 为有限时, 由定理 2.4.4 知 $G = \{a^t | t = 1, 2, \cdots, m\}$. 由于 f 是同态, 可以有 $f(a^t) = (f(a))^t$, $t = 1, 2, \cdots, m$. 所以 f 的像 $\mathrm{Im}\, f = \{(f(a))^t | t = 1, 2, \cdots, m\} = \langle f(a) \rangle$, 显然 $\mathrm{Im}\, f$ 为一个循环群.

最后为证明第二个陈述, 可由定理 2.4.1 转化为乘积符号而得, 也就是用 a^t 替换 $t \in \mathbf{Z}$ 即可.

回顾一下: 群中两个不同元或许能够生成同一个循环子群, 所以有

定理 2.4.6　令 $G = \langle a \rangle$ 为一个循环群. 若 G 是无限的, 则 a 和 a^{-1} 是 G 的仅有的生成元; 若 G 是阶为 m 的有限群, 则 a^k 是 G 的生成元当且仅当 $(k, m) = 1$.

证明　(法一)　首先证明: 如果 G 为无限的, 则 a 和 a^{-1} 是 G 的仅有的生成元.

假设 $b \in G$ 为 G 的生成元, 则有 $G = \langle b \rangle$. 由于 $a \in G$, 所以 $a \in \langle b \rangle$. 由定理 2.4.4 知, 存在整数 t 使得 $a = b^t$, 然而 $b \in G = \langle a \rangle$ 以及定理 2.4.4 可以得到: 存在整数 s 使得 $b = a^s$. 由此得到 $a = (a^s)^t = a^{st}$. 又由于 G 为无限的, $G = \langle a \rangle$ 以及定理 2.4.4(ii) 可知, $st = 1$. 从而有 $s = 1, t = 1$ 成立, 或者 $s = -1, t = -1$ 成立. 如此知道: $b = a$ 或 $b = a^{-1}$.

其次分两步证明: 如果 G 是阶为 m 的有限群, 则 a^k 是 G 的生成元当且仅当 $(k, m) = 1$.

第一步: 当 $(k, m) = 1$, 往证: a^k 是 G 的生成元.

由于 $a^k, a^m = e \in G$, 不妨设 a^k 的阶为 n, 即 $|\langle a^k \rangle| = n$. 从而 $a^{kn} = e$. 因为 $a^m = e$ 以及定理 2.4.4(iii) 和 (iv) 可知: $m|kn$. 由于 $(k, m) = 1$, 所以有 $m|n$, 即存在 t 为整数使得 $n = tm$. 所以 $|\langle a^k \rangle| = tm$, 再根据 $|\langle a \rangle| = m$, 故 $\langle a^k \rangle$ 含有 m 个元素. 因为 $\langle a^k \rangle$ 为 G 的子群, 所以 $\langle a^k \rangle \subseteq G = \langle a \rangle$. 可是 $|\langle a \rangle| = |\langle a^k \rangle| = m < \infty$, 这样导致 $\langle a \rangle = \langle a^k \rangle$, 也就是 a^k 为 G 的生成元.

第二步: 当 a^k 是 G 的生成元, 往证: 必有 $(k, m) = 1$.

因为 a^k 是 G 的生成元, 所以有 $\langle a^k \rangle = G$, 并且 $m = |\langle a \rangle| = |\langle a^k \rangle|$, 以及 $a \in \langle a^k \rangle$. 进而得到: 存在整数 t 使得 $a = a^{tk}$ $(0 \leqslant t \leqslant m)$. 又由于 $a^m = e$, 从而 $tk = sm + 1$, 进一步地: $tk + (-s)m = 1$, 这意味着 $(k, m) = 1$.

(法二) 由定理 2.4.3, 仅需考虑 $G = \mathbf{Z}$ 或 $G = \mathbf{Z}_m$.

当 $G = \mathbf{Z}$ 时, 结论显然.

当 $G = \mathbf{Z}_m$ 时,

若 $(k, m) = 1$, 则存在 $c, d \in \mathbf{Z}$, 满足 $ck + dm = 1$, 利用这个事实, 可以证明 $\langle [k] \rangle = \mathbf{Z}_m$.

若 $(k, m) = r > 1$, 可以证明 $n = m/r < m$, $n[k] = [nk] = [0]$, 因此, $[k]$ 不能够生成 $\mathbf{Z}_m$.

最直观的想法是: 能否将上面证明的技术推广到两个生成元集 $\langle a_1, a_2 \rangle$ 的情况, 甚至推广到所有有限生成群, 这样也不枉研究上面这样群的价值, 不幸的是, 即使仅仅有两个生成元集 $\langle a_1, a_2 \rangle$ 的情况都是十分复杂的. 事实上, 这需要将所有有限生成的交换群给予特征化, 才有可能解决上述问题, 即使这样, 也仍需要大量的知识内容, 这里不再讨论, 有兴趣的读者可以自行参看有关书籍.

小结上面, 可以得到关于循环群 $\langle a \rangle$ 的总结性结论.

如果 G 是一个循环群, 则 G 必有如下形状:

(1) $G = \{\cdots, a^{-2}, a^{-1}, e, a^1, a^2, \cdots\} = \{a^n | n \in \mathbf{Z}\}$ (其中 $a^n = a^m$) 当且仅当 $n = m$.

(2) $G = \{e, a, \cdots, a^{n-1}\}$, (其中 $a^n = e$, 而 $a^s = a^t$, $0 \leqslant s, t \leqslant n - 1$) 当且仅当 $s = t$.

或者与 (1) 和 (2) 等价地说: 在同构意义下, 循环群有且仅有 $(\mathbf{Z}, +)$ 和 $\mathbf{Z}_m (m \in \mathbf{N}, m \neq 0)$.

2.5 陪   集

本节将会得到与一个有限群结构有关的计数方面的最有意义的定理.

设 H 为群 G 的一个子群, $a \in G$, 集合 $Ha = \{ha | h \in H\}$ 称为 H 在 G 中的一个**右陪集**, $aH = \{ah | h \in H\}$ 称为 H 在 G 中的一个**左陪集**.

由陪集的定义可知以下命题成立.

(1) $eH = H$.

(2) $xH = yH \Leftrightarrow x^{-1}yH = H$.

(3) $xH = H \Leftrightarrow x \in H$.

例 9 取 $G = S_3$, $H = \{(1), (12)\}$, 则 $(13)H = \{(13), (123)\}$, $H(13) = \{(13), (132)\}$, 所以 $(13)H \neq H(13)$.

容易证明, 对于 $H \leqslant G$, 通常 $Ha \neq aH$.

先将群 **Z** 中模 m 的概念推广.

定义 2.5.1 设 H 为群 G 的一个子群, $a, b \in G$, 若 $ab^{-1} \in H$, 则称 a 是模 H **右合同于** b, 记为 $a \equiv_r b(\mathrm{mod}H)$; 若 $a^{-1}b \in H$, 则称 a 是模 H **左合同于**b, 记为 $a \equiv_l b(\mathrm{mod}H)$.

若 G 为交换群, 则左、右合同模 H 一致, 这是因为

$$ab^{-1} \in H \Leftrightarrow (ab^{-1})^{-1} \in H \text{ 且 } (ab^{-1})^{-1} = ba^{-1} = a^{-1}b.$$

虽然也存在有非交换的群 G 以及它的子群 H 满足左、右合同相一致, 但是, 在一般情况下, 不一定有左、右合同模 H 一致.

定理 2.5.2 设 H 为群 G 的一个子群, 则有

(i) 右 (左) 合同模 H 是 G 上的一个等价关系;

(ii) $a \in G$ 在右 (左) 合同模 H 的等价类是一个集合 $Ha = \{ha|h \in H\}(aH = \{ah|h \in H\})$;

(iii) 对于任何 $a \in G$, 有 $|Ha| = |H| = |aH|$.

证明 下面用 $a \equiv b$ 表示 $a \equiv_r b(\mathrm{mod}\ H)$, 并且仅对右合同和右陪集加以证明, 同样的结论对于左合同也成立.

(i) 令 $a, b, c \in G$.

因为 $aa^{-1} = e \in H$ 导致 $a \equiv a$, 因此 "$\equiv$" 是自反的.

"$\equiv$" 关系显然是对称的, 这是因为

$$a \equiv b \Rightarrow ab^{-1} \in H \Rightarrow (ab^{-1})^{-1} \in H \Rightarrow ba^{-1} \in H \Rightarrow b \equiv a.$$

最后, $a \equiv b$ 和 $b \equiv c$ 意味着 $ab^{-1} \in H$ 和 $bc^{-1} \in H$.

因此 $ac^{-1} = (ab^{-1})(bc^{-1}) \in H$ 并且 $a \equiv c$, 故而 $\equiv$ 是传递的.

从而, 右合同模 H 是一个等价关系.

(ii) 对于 $a \in G$ 的右合同等价类是 $\{x \in G|x \equiv a\} = \{x \in G|xa^{-1} \in H\} = \{x \in G|xa^{-1} = h \in H\} = \{x \in G|x = ha, h \in H\} = \{ha|h \in H\} = Ha$.

(iii) 映射 $Ha \to H$ 定义为 $ha \mapsto h$, 易证此映射为一个双射.

推论 2.5.3 设 H 为群 G 的一个子群, 则有以下结论.

(i) G 是 G 中 H 的右 (左) 陪集的并;

(ii) G 中任何两个 H 的右 (左) 陪集或者是互斥或者是相等;

(iii) 对于任何 $a, b \in G$,

$$Ha = Hb \Leftrightarrow ab^{-1} \in H,$$

并且 $aH = bH \Leftrightarrow a^{-1}b \in H$;

(iv) 令 R 为 H 在 G 中的不同右陪集的全体, L 为 H 在 G 中的不同的左陪集全体, 则 $|R| = |L|$.

证明 (i) 因为对于任意的 $x \in G$ 必有 $x = ex$, 而 $e \in H$, 所以 $x \in Hx$, 然而 $Hx \subseteq G$, 因此 $G = \cup_{x \in G} x \subseteq \cup_{x \in G} Hx \subseteq G$, 这样有 $G = \cup_{x \in G} Hx$.

(ii) 由定理 2.5.2 立刻可得.

(iii) 只需完成 $Ha = Hb \Leftrightarrow ab^{-1} \in H$ 的证明, 另一结论的证明可用类似方法完成.

若 $Ha = Hb$. 由于 $Ha = \{ha | h \in H\}$, $Hb = \{hb | h \in H\}$. 所以存在 $h_1, h_2 \in H$ 使得 $h_1 a = h_2 b$, 进而 $ab^{-1} = h_1^{-1}h_2$, 再根据 H 为群, 得到 $h_1^{-1}h_2 \in H$, 也就是 $ab^{-1} \in H$.

若 $ab^{-1} \in H$. 则必存在 $h \in H$ 使得 $ab^{-1} = h$, 进而 $a = hb$. 因为 H 为群, 所以 $e \in H$, 然而 $ea = a$, 所以有 $ea \in Ha$, 再因为 $hb \in Hb$, 因此可以从 $ea = hb$ 以及 a, b 的任意性得到 $Ha = Hb$.

(iv) 映射 $R \to L$ 定义为 $Ha \mapsto a^{-1}H$ 是一个双射, 这是因为

$$Ha = Hb \Leftrightarrow ab^{-1} \in H \Leftrightarrow (a^{-1})^{-1}b^{-1} \in H \Leftrightarrow a^{-1}H = b^{-1}H.$$

如果 H 是一个加群的子群, 那么右合同模 H 是定义为 $a \equiv_r b(\mathrm{mod} H) \Leftrightarrow a - b \in H$. $a \in G$ 的等价类是右陪集 $H + a = \{h + a | h \in H\}$; 关于左模合同和左陪集也有类似的结果.

定义 2.5.4 设 H 为群 G 的一个子群, H 在 G 中的**指数**是指群 G 关于其子群 H 的右 (左) 陪集个数. 用 $[G{:}H]$ 表示.

$[G{:} H]$ 可以有限, 也可以无限, 但是关于有限群 G 的阶数与其子群 H 的阶数, 有以下重要定理.

定理 2.5.5 (拉格朗日 (Langrange) 定理) 设 G 是有限群, H 是 G 的子群, 则 $|G| = [G : H] \cdot |H|$.

证明 由于每一个右陪集均与 H 含有相同个数的元素, 而 G 共有 $[G : H]$ 个陪集, 故 G 有 $[G : H] \cdot |H|$ 个元素.

设 G 为一个群, H, K 为 G 的子群. 令 HK 表示集合 $\{ab|a \in H, b \in K\}$. 若 H, K 为 G 的子群, 则 HK 也不一定为子群. 例如, 取群 G 的阶为 $p^k m$, 其中 p 为素数, $(p, m)=1$, H 为 G 的子群且 H 的阶为 p^k, K 为 G 的子群, 且 K 的阶为 p^d, 其中 $0 < d \leqslant k$ 且 $K \nsubseteq H$, 则可以证明 HK 不是 G 的子群 (此证明留给读者思考).

定理 2.5.6　设 H, K 为群 G 的有限子集, 则 $|HK| = |H||K|/|H \cap K|$.

证明　令 $C = H \cap K$. 则 C 为 K 的子群, 并且由定理 2.5.5 直接可得 C 的指数 $n = |K|/|H \cap K|$, 再由陪集定义可知, 存在 $k_j \in K$ 使得 K 是互不相交的右陪集 Ck_j 的并 $(j = 1, \cdots, n)$, 即 $K = Ck_1 \cup Ck_2 \cup \cdots \cup Ck_n$.

首先往证 $HC = H$.

这是因为 $C = H \cap K \leqslant H$, 由推论 2.5.3 知, $H = h_1 C \cup \cdots \cup h_t C$ (此处 $\{h_j C,$ $j = 1, \cdots, t\}$ 为 H 的所有不同的左陪集), 进而 $HC = (h_1 CC) \cup \cdots \cup (h_t CC)$. 根据 $C \leqslant H$ 以及群的定义知 C 对其中的元运算封闭, 得到 $CC \subseteq C$. 又由于单位元 $e \in C$, 所以对于任意 $a \in C$ 有 $ea = a$. 然而 $ea \in CC$, 这表明 $a \in CC$, 也就是 $C \subseteq CC$. 如此得到 $C = CC$. 故有 $HC = (h_1 C) \cup \cdots \cup (h_t C) = H$.

其次证明 $K = Hk_1 \cup Hk_2 \cup \cdots \cup Hk_n$.

根据 $K = Ck_1 \cup Ck_2 \cup \cdots \cup Ck_n$ 得到 $HK = (HC)k_1 \cup (HC)k_2 \cup \cdots \cup (HC)k_n$. 然而 $HC = H$, 所以 $HK = Hk_1 \cup Hk_2 \cup \cdots \cup Hk_n$.

再者证明 HK 是 $Hk_j (j = 1, \cdots, n)$ 的互斥并.

对 n 实施数学归纳法.

当 $n = 1$ 时, 有 $HK = Hk_1$, 所以 HK 为 $Hk_j (j = 1, \cdots, n)$ 的互斥并.

假设 $t \leqslant n - 1$ 时, HK 是 $Hk_j (j = 1, \cdots, n)$ 的互斥并.

现在考虑 $t = n$ 的情况. 此时知道 $HK = Hk_1 \cup Hk_2 \cup \cdots \cup Hk_n$. 若存在 $i_1, i_2 \in \{1, 2, \cdots, n\}$ 使得 $Hk_{i_1} \cap Hk_{i_2} \neq \varnothing$, 不妨设 $i_1 = 1, i_2 = 2$, 则有 $h_1 \in H$ 满足 $h_1 k_1 \in Hk_2$, 即有 $h_2 \in H$ 使得 $h_1 k_1 = h_2 k_2$, 进而 $k_1 = (h_1^{-1} h_2) k_2$. 这样 $Hk_1 = H(h_1^{-1} h_2) k_2 \subseteq Hk_2$ (这是根据: $h_1^{-1} h_2 \in H$ 导致 $H(h_1^{-1} h_2) \subseteq H$). 同理可证: $Hk_2 \subseteq Hk_1$. 如此可得 $HK = Hk_1 \cup Hk_3 \cup \cdots \cup Hk_n$. 根据归纳假设 HK 是 Hk_1, $Hk_3, \cdots, Hk_n$ 的互斥并, 这样有 $Hk_i \cap Hk_j = \varnothing$ $(i \neq j; i, j = 1, 3, \cdots, n)$ 进一步地, $K = Ck_1 \cup Ck_2 \cup \cdots \cup Ck_n \subseteq HK = Hk_1 \cup Hk_3 \cup \cdots \cup Hk_n$. 取 $e \in K$, 则有 $k_{j_0}(j_0 \in \{1, 3, \cdots, n\})$ 满足 $e \in Hk_{j_0}$, 即 $e = h_{j_0} k_{j_0}$, 而 $H \leqslant G, K \leqslant G$, 所以 $h_{j_0} = k_{j_0}^{-1}$, 故有 $k_{j_0}^{-1} \in H$, 进一步由 $H \leqslant G$ 有 $k_{j_0} \in H$, 然而 $K = Ck_1 \cup Ck_2 \cup \cdots \cup Ck_n$ 说明 $k_{j_0} \notin C$ 并且 $k_{j_0} \in K$. 利用 $k_{j_0} \in H$ 和 $k_{j_0} \in K$ 推出: $k_{j_0} \in H \cap K = C$, 与 $k_{j_0} \notin C$ 矛盾. 综知 $Hk_1 \cap Hk_2 = \varnothing$ 成立, 也就是 HK 是 $Hk_j (j = 1, \cdots, n)$ 的互斥并.

再由归纳法原理知道, 所需结论成立.

从而, $|HK| = |H|n = |H||K|/|H \cap K|$.

定理 2.5.7 若 H, K 为群 G 的子群, 则 $[H : H \cap K] \leqslant [G : K]$. 当 $[G : K]$ 为有限时, 必有

$$[H : H \cap K] = [G : K] \text{ 当且仅当 } G = KH.$$

证明提示 令 A 为 $H \cap K$ 在 H 中的所有右陪集的集合, B 是 K 在 G 中的所有右陪集的集合, 定义映射

$$\varphi : A \to B \text{ 为 } (H \cap K)h \mapsto Kh(\forall h \in H),$$

由于

$$(H \cap K)h' = (H \cap K)h \Rightarrow h'h^{-1} \in H \cap K \subseteq K,$$

所以 $Kh' = Kh$.

故上面 φ 是有意义的.

可以直接验证 φ 是单射.

于是 $[H : H \cap K] = |A| \leqslant |B| = [G : K]$.

如果 $[G:K]$ 有限, 则可以证实

$$[H : HK] = [G : K] \text{ 当且仅当 } \varphi \text{ 是满射},$$

并且 φ 是满射当且仅当 $G = KH$.

注意, 对于 $h \in H, k \in K$, 由于 $(kh)h^{-1} = k \in K$, 故有 $Kkh = Kh$.

读者可以根据上述提示将定理 2.5.7 的证明补齐.

2.6 正规子群和商群

我们已经看到, 对于 G 的任意子群 H, 左陪集 aH 未必等于右陪集 Ha. 对于 G 的特殊子群, 有可能其左陪集都等于其右陪集, 这样的子群无论是对 G 本身的结构, 还是域为 G 的同态, 都占有重要地位.

定理 2.6.1 若 H 是群 G 的一个子群, 则下列条件等价.

(i) 左、右合同模 H 是一致的 (即在 G 上定义同样的等价类).

(ii) H 在 G 中的每个左陪集也是一个右陪集.

(iii) 对于任何 $a \in G$ 都有 $aH = Ha$.

(iv) 对于所有 $a \in G$, $aHa^{-1} \subseteq H$, 此处 $aHa^{-1} = \{aha^{-1}|h \in H\}$.

(v) 对于所有 $a \in G$, $aHa^{-1} = H$.

证明 (i)$\Rightarrow$(iii) 令 R, L 分别为 H 在 G 中的不同的右、左陪集的全体. 由定理 2.5.2 知, 两者均是 G 上的等价关系.

两个等价关系 R 和 L 是一致的当且仅当在 R 下的每个元的等价类等于在 L 下的它的等价类. 在这个情况下, 等价类分别是 H 的左、右陪集.

(ii)⇒(iii) 若存在某个 $b \in G$ 使得 $aH = Hb$ 成立, 则 $a \in Hb \cap Ha$, 因为两个右陪集或者是相等或者是互斥, 所以这意味着 $Hb = Ha$.

(iii)⇒(iv) 平凡的.

(iv)⇒(v) $aHa^{-1} \subseteq H$ 是已知的. 由于 (iv) 对于任何 $a^{-1} \in G$ 也成立, 所以 $a^{-1}Ha \subseteq H$, 从而对于每个 $h \in H$, 有 $h = a(a^{-1}ha)a^{-1} \in aHa^{-1}$ 和 $H \subseteq aHa^{-1}$.

(iii)⇒(i), (iii)⇒(ii), (v)⇒(iii) 三者均为显然.

定义 2.6.2   群 G 的一个子群 H, 若对于所有 $a \in G$, 有 $aH = Ha$, 则称 H 为 G 的一个**正规子群**(normal subgroup), 记作 $H \lhd G$.

注意   (1) 由定义 2.6.2 和定理 2.6.1 可知, 对于一个正规子群, 不必区分左或右陪集, 简称为 H 的陪集.

(2) 由定理 2.6.1(iv) 和 (v) 可知, H 为 G 的正规子群当且仅当 $aha^{-1} \in H(\forall a \in G, h \in H)$.

(3) 若 H, M 为群 G 的子群, 满足 $H \lhd M$ 和 $M \lhd G$, 这并不能有 $H \lhd G$(参见习题 28), 但是若 H 在 G 中为正规子群, 则易证 H 在任何含有 H 的子群中也是正规的 (参见习题 11).

定理 2.6.3   若 H 是群 G 的正规子群, G/H 是 H 在 G 中所有陪集组成的集合, 则 G/H 是一个阶为 $[G:H]$ 的群, 其中的二元运算为 $(aH)(bH) = abH$.

证明   先证明集合乘积是 G/H 的一个二元运算, 即两个陪集 aH, bH 的积仍是 G 的一个陪集.

一方面, 由于 aH, bH 是 G 的子集, 按照 G 的子集的乘积的定义, 有 $aH \cdot bH = \{ah_1bh_2 | h_1, h_2 \in H\}$, 但 H 是正规子群, 故 $Hb = bH$, 也就是 $h_1b = bh'$, 从而

$$ah_1bh_2 = a(h_1b)h_2 = a(bh')h_2 = ab(h'h_2) \in abH,$$

进而有 $aHbH \subseteq (ab)H$.

另一方面, $(ab)h = (ae)(bh) \in aH \cdot bH \Rightarrow (ab)H \subseteq aH \cdot bH$.

综合以上两方面, 所以有 $aH \cdot bH = (ab)H$.

由于 $G/H \subseteq \wp(G) \backslash \varnothing$. 易知 G/H 对上述结合法满足结合律.

又

$$eH \cdot aH = (ea)H = aH, aH \cdot eH = (ae)H = aH,$$

故 eH 是 G/H 的单位元. aH 的逆元为 $a^{-1}H$. 从而 G/H 关于陪集的乘法作成一个群.

将定理 2.6.3 中的 G 关于其正规子群 H 的陪集作成的群 G/H 称为 G 关于 H 的**商群**.

当 G 是加法群时, 商群 G/H 也可记为 $G-H$, 相应地, 称之为 G 关于 H 的**差群**.

例 10 (1) 令 $G = (\mathbf{Q}\backslash\{0\}, \cdot)$, 即所有非零有理数关于通常数的乘法组成的群. 取 $H = \{1, -1\}$. 易知 H 为 G 的正规子群, H 在 G 中的指数无限, 故 G/H 是无限群. 因为 $xH = (-x)H$, 所以 $G/H = \{aH | a > 0\}$, G/H 中的运算为 $aHbH = (ab)H$.

G/H 的单位元为 H; aH 的逆元为 $a^{-1}H$.

(2) 令 $G = S_3$, $H = \{(1), (123), (132)\}$, 这时 $(1)H = H = H(1)$, $(12)H = \{(12), (23), (13)\}$, $H(12) = \{(12), (23), (13)\}$, 即对任意 $a \in G$ 都有 $aH = Ha$, 故 H 是 G 的正规子群.

G/H 含有两个元, 它们是 $\{(1)H, (12)H\}$, 其运算为下面的表 2.6.1, 显然 G/H 为有限群.

表 2.6.1 S_3/H **的运算表**

·	$(1)H$	$(12)H$
$(1)H$	$(1)H$	$(12)H$
$(12)H$	$(12)H$	$(1)H$

定理 2.6.4 若 $f: G \to H$ 是群同态, 则 f 的核 $\mathrm{Ker}f$ 是 G 的一个正规子群. 反之, 若 H 是 G 的一个正规子群, 则映射 $\pi: G \to G/H$, 定义为 $\pi(a) = aH$ 是核为 H 的满同态.

证明 由定理 2.3.6 知 $\mathrm{Ker}\,f$ 为 G 的一个子群.

令 $x \in \mathrm{Ker}\,f$ 且 $a \in G$. 则

$$f(axa^{-1}) = f(a)f(x)f(a^{-1}) = f(a) \cdot ef(a^{-1}) = e \text{ 且 } axa^{-1} \in \mathrm{Ker}\,f,$$

从而 $a(\mathrm{Ker}\,f)a^{-1} \subseteq \mathrm{Ker}\,f$ 并且 $\mathrm{Ker}\,f \lhd G$.

映射 $\pi: G \to G/H$ 显然是满射. 进一步地, 因为 $\pi(ab) = abH = aHbH = \pi(a) \cdot \pi(b)$, 这样 π 是一个满同态.

而 $\mathrm{Ker}\,\pi = \{a \in G | \pi(a) = eH = H\} = \{a \in G | aH = H\} = \{a \in G | a \in H\} = H$.

上面定理中的映射 $\pi: G \to G/H$ 也称为**自然满同态**或自然同态. 因此之后, 除非特别声明, $G \to G/H(H \lhd G)$ 总是指自然同态.

定理 2.6.5 (群同态基本定理) 若 $f: G \to H$ 是一个群同态, $N \lhd G$ 且 $N \subseteq \mathrm{Ker}\,f$, 则存在唯一的同态映射 $\overline{f}: G/N \to H$ 满足 $\overline{f}(aN) = f(a)(\forall a \in G)$. $\mathrm{Im}\,f = \mathrm{Im}\overline{f}$ 且 $\mathrm{Ker}\,\overline{f} = (\mathrm{Ker}\,f)/N$.

$\overline{f}$ 是同构当且仅当 f 是一个满同态且 $N = \mathrm{Ker}\,f$.

此定理的映射之间的交换关系见图 2.6.1.

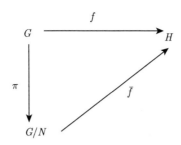

图 2.6.1　群同态基本定理示意图

证明　若 $b \in aN$, 则 $b = an$, $n \in N$, 且

$$f(b) = f(an) = f(a)f(n) = f(a)e = f(a)$$

. 因为 $N \subseteq \mathrm{Ker}\, f$, 从而 f 在陪集 aN 的每个元上的作用是一样的.

映射 $\bar{f}$: $G/N \to H$ 定义为 $\bar{f}(aN) = f(a)$.

此定义显然是有意义的.

因为 $\bar{f}(aNbN) = \bar{f}(abN) = f(ab) = f(a)f(b) = \bar{f}(aN)\bar{f}(bN)$, 所以 $\bar{f}$ 是一个同态.

显然 $\mathrm{Im}\bar{f} = \mathrm{Im}\, f$.

另外, 显然地有 $aN \in \mathrm{Ker}\, \bar{f} \Leftrightarrow f(a) = e \Leftrightarrow a \in \mathrm{Ker}\, f$.

因此, $\mathrm{Ker}\bar{f} = \{aN | a \in \mathrm{Ker}\, f\} = (\mathrm{Ker}\, f)/N$.

由于 $\bar{f}$ 完全由 f 确定, 所以 $\bar{f}$ 是唯一的.

最后, 显然 $\bar{f}$ 是满同态当且仅当 f 是满的. 由定理 2.3.4, $\bar{f}$ 是单同态当且仅当 $\mathrm{Ker}\bar{f} = \mathrm{Ker}\, f/N$ 是 G/N 的平凡子群, 也就是当且仅当 $\mathrm{Ker}\, f = N$.

推论 2.6.6 (第一同构定理)　若 f: $G \to H$ 是群同态, 则 f 诱导出一个同构 $G/\mathrm{Ker}\, f \cong \mathrm{Im}\, f$.

证明　f: $G \to \mathrm{Im}\, f$ 是一个满同态, 运用定理 2.6.5 以及 $N = \mathrm{Ker}\, f$ 可得所需结论.

例 11　设 $G = (\mathbf{Z}, +)$, $S = \langle a \rangle$, $|S| = 6$. 命 f: $n \mapsto a^n$, 则 f 是 G 到 S 的满同态, 此时,

$$\mathrm{Ker}\, f = \{n | n \in \mathbf{Z}, 6 | n\} = \{6k | k \in \mathbf{Z}\},$$

也就是 6 在 G 中生成的循环群 $\langle 6 \rangle$.

令 $H = \{12k | k \in \mathbf{Z}\}$, 则 $H \subseteq \mathrm{Ker}\, f$, 这时

$$G/H = \mathbf{Z}_{12} = \{[0], [1], \cdots, [11]\}.$$

令 $\bar{f}$: $[x] \mapsto f(x)$, $x = 0, 1, 2, \cdots, 11$. 则 $\bar{f}$ 是 G/H 到 S 的满同态.

因为 $H \neq \mathrm{Ker}\, f$, 故 $\overline{f}$ 不是 G/H 到 S 的同构映射. 事实上, $[6]$ 不是 $\mathbf{Z}_{12}$ 的零元, 但

$$\overline{f}([6]) = f(6) = a^6 = e \Rightarrow [6] \in \mathrm{Ker}\, \overline{f},$$

实际上, $\mathrm{Ker}\, \overline{f} = \{[0], [6]\}$ 是 G/H 的一个真子群.

如果令 $H = \{6k | k \in \mathbf{Z}\} = \mathrm{Ker}\, f$, 那么, $G/H \cong S$, 即 G/H 是整数加群关于模 6 的剩余类加群, 即 $G/H = \mathbf{Z}_6$, $\mathbf{Z}_6$ 与阶数为 6 的循环群同构.

2.7 群的直积与群的直和

前面已经介绍了两种从已知群构造新群的方法: 子群和商群, 这样的方法是 "从大到小", 现在介绍最常用的 "从小到大" 的构造方法.

令 G 和 H 为两个群, 其单位元分别为 e_G, e_H. 定义 $G \times H$ 为集合 G 与集合 H 的直积, 在其上定义一个运算为 $(a, b)(a', b') = (aa', bb')$, 其中 $a, a' \in G$, b, $b' \in H$. 则可以证明 $G \times H$ 关于上面定义的二元运算构成一个群, 称其为群 G 和群 H 的**直积**.

将此概念推广:

令 $\{G_i | i \in I\}$ 为任意一族 (可能无限的) 群, $\prod_{i \in I} G_i$ 为其直积. 在其上定义一个二元运算. 若 $f, G: I \to \cup_{i \in I} G_i$, 则 $fG: I \to \cup_{i \in I} G_i$ 为 $i \to f(i)G(i)$. 将 $\prod_{i \in I} G_i$ 关于此二元运算一起称为群 $\{G_i | i \in I\}$ 的直积 (若每个 G_i 为加群, 则称为**直和**).

若 $I = \{1, 2, \cdots, n\}$, 则记 $\prod_{i \in I} G_i$ 为 $G_1 \times G_2 \times \cdots \times G_n$ (若为直和, 则记作 $G_1 \oplus G_2 \oplus \cdots \oplus G_n$).

设 G, H 为两个群. 可以很容易地证明:

(1) (e_G, e_H) 为 $G \times H$ 的单位元.

(2) (a^{-1}, b^{-1}) 为 (a, b) 在 $G \times H$ 中的逆元.

(3) 若 G, H 为交换的, 则 $G \times H$ 也为交换的.

(4) $|G \times H| = |G||H|$.

定理 2.7.1 若 $\{G_i | i \in I\}$ 为一族群, 则

(i) 直积 $\prod_{i \in I} G_i$ 为一个群;

(ii) 对每个 $k \in I$, 定义映射 $\pi_k: \prod_{i \in I} G_i \to G_k$ 为 $f \mapsto f(k)$ (或 $\{a_i\} \mapsto a_k$), 则 π_k 是群满同态.

证明 留给读者思考、证明.

例 12 在直积 $G_1 \times G_2$ 中, 命 $G_1' = \{(x, e_2)|x \in G_1\}$, $G_2' = \{(e_1, x)|x \in G_2\}$. 易证 $G_i'(i = 1, 2)$ 是 $\prod_{i \in I} G_i = G_1 \times G_2$ 的正规子群, 并且 $G_1 \cong G_1'$, $G_2 \cong G_2'$.

任取 $(x, y) \in G_1 \times G_2$, 则 $(x, y)=(x, e_2)(e_1, y)$, $(x, e_2) \in G_1'$, $(e_1, y) \in G_2'$. 假定 $(x, y)=(x', e_2)(e_1, y')$, 则 $(x', e_2)=(x, e_2)$, $(e_1, y')=(e_1, y)$, 这就表明: $G_1 \times G_2 = G_1'G_2'$, 并且 $G_1 \times G_2$ 中每一元表示成 G_1', G_2' 的元的积, 表法唯一. 通常也称 G 为其子群 $G_i(i \in I)$ 的 (内部) 直积.

定理 2.7.1 中的映射 π_k 称为直积的**标准射影**. 在同构定义下, $G_i \lhd \prod_{i \in I} G_i$ 成立. 若 $G = \prod_{i \in I} G_i$, 则称 G 为 $\{G_i|i \in I\}$ 的**外直积**. 若存在一个群 H, 使得 H 的正规子群 $H_i(i \in I)$ 满足 $H_i \cong G_i(i \in I)$, 并且表法唯一, 则有 $H \cong G$, 这时称 H 是其子群 $H_i(i \in I)$ 的**内部直积**.

懂了直积与直和的定义后, 下面讨论更困难但重要的任务: 群的直积分解.

要知道一个群 G 能够分解成某些群的直积, 则对 G 的讨论就可以归结为对另一些群 (当然, 一般地它们比 G 简单些) 的研究.

定理 2.7.2 设 $G, G_1, \cdots, G_m$ 为 $m+1$ 个群 ($m \in \mathbf{N}$ 为有限的), 则 $G \cong H_1 \times \cdots \times H_m$ 当且仅当存在 G 的 m 个子群 $G_1, \cdots, G_m$ 使得下面 (i)~(iii) 成立.

(i) $H_t \cong G_t$ ($t=1,2,\cdots,m$).

(ii) $a_i a_j = a_j a_i$ ($\forall a_i \in H_i, a_j \in H_j, i, j=1, \cdots, m$).

(iii) ψ: $H_1 \times \cdots \times H_m \to G$, 定义为 $(a_1, \cdots, a_m) \mapsto a_1 \cdots a_m$ 是双射.

证明 必要性 若存在一个同构 $f: G_1 \times \cdots \times G_m \to G$. 令 $H_i = f(j_i(G_i))$, 此处 $j_i: G_i \to G_1 \times \cdots \times G_m$ 定义为

$$a \mapsto (e_{G_1}, \cdots, e_{G_{i-1}}, a, e_{G_{i+1}}, \cdots, e_{G_m}),$$

则可证明 $H_i \lhd G$ ($i=1,\cdots,m$). 显然 $H_1, \cdots, H_m$ 满足 (i)~(iii).

充分性 设 3 个条件满足, 只需证明 ψ 是同态即可. 设 $a = (a_1, \cdots, a_m)$, $b = (b_1, \cdots, b_m)$ 是 $H_1 \times \cdots \times H_m$ 中的元素, 则 $\psi(ab) = a_1 b_1 a_2 b_2 \cdots a_m b_m$.

由 (ii) 得 $a_1 b_1 a_2 b_2 \cdots a_m b_m = a_1 a_2 \cdots a_m b_1 \cdots b_m = \psi(a)\psi(b)$. 所以 ψ 是同态.

如果一个群不能分解成两个非平凡的正规子群的直积, 那么这个群就称为不可分解的. 显然由定理 2.7.2, 任意一个有限群总可以分解成一些**不可分解的群**的直积. 群的直积分解是群论中一个重要的问题, 这里不细研究了.

*2.8 模 糊 群

前面几节介绍了经典子群论, 本节将其进行推广, 主要研究模糊子群、模糊正

规子群等概念及其相关性质.

定义 2.8.1　设 G 是一个群, $e \in G$ 为单位元, $\underset{\sim}{A} \in \mathfrak{F}(G)$, 下面给出三个条件:

(i) $\forall x, y \in G, \underset{\sim}{A}(xy) \geqslant \underset{\sim}{A}(x) \wedge \underset{\sim}{A}(y)$;

(ii) $\forall x \in G, \underset{\sim}{A}(e) \geqslant \underset{\sim}{A}(x)$;

(iii) $\forall x \in G, \underset{\sim}{A}(x^{-1}) \geqslant \underset{\sim}{A}(x)$.

若 $\underset{\sim}{A}$ 只满足条件 (i), 则称 $\underset{\sim}{A}$ 为 G 的**模糊子半群**(fuzzy subsemigroup); 若 $\underset{\sim}{A}$ 满足条件 (i) 和 (ii), 则称 $\underset{\sim}{A}$ 为 G 的**模糊独异点**; 若 $\underset{\sim}{A}$ 满足条件 (i), (ii) 和 (iii), 则称 $\underset{\sim}{A}$ 为 G 的**模糊子群**(fuzzy subgroup).

定理 2.8.2　设 G 是一个群, $\underset{\sim}{A} \in \mathfrak{F}(G)$, 则 $\underset{\sim}{A}$ 为 G 的模糊子群 $\Leftrightarrow \forall x, y \in G$, 有

(i) $\underset{\sim}{A}(xy) \geqslant \underset{\sim}{A}(x) \wedge \underset{\sim}{A}(y)$;

(ii) $\underset{\sim}{A}(x^{-1}) \geqslant \underset{\sim}{A}(x)$.

证明　易证, 略

注 2.8.3　由定理 2.8.2 可知, 若 $\underset{\sim}{A}$ 为 G 的模糊子群, 则 $\forall x \in G$, 有 $\underset{\sim}{A}(x^{-1}) = \underset{\sim}{A}(x)$. 事实上, 由于 $\underset{\sim}{A}(x) = \underset{\sim}{A}((x^{-1})^{-1}) \geqslant \underset{\sim}{A}(x^{-1})$, 则再结合定理 2.8.2 条件 (ii), 可知 $\underset{\sim}{A}(x^{-1}) = \underset{\sim}{A}(x)$.

定理 2.8.4　设 G 是一个群, $\underset{\sim}{A} \in \mathfrak{F}(G)$, 则 $\underset{\sim}{A}$ 为 G 的模糊子群 $\Leftrightarrow \forall x, y \in G$, 有

$$\underset{\sim}{A}(xy^{-1}) \geqslant \underset{\sim}{A}(x) \wedge \underset{\sim}{A}(y).$$

证明　必要性显然. 这里只证明充分性.

充分性　一方面, 由已知可得 $\underset{\sim}{A}(e) = \underset{\sim}{A}(xx^{-1}) \geqslant \underset{\sim}{A}(x) \wedge \underset{\sim}{A}(x) = \underset{\sim}{A}(x)$. 进一步, 可知

$$\underset{\sim}{A}(x^{-1}) = \underset{\sim}{A}(ex^{-1}) \geqslant \underset{\sim}{A}(e) \wedge \underset{\sim}{A}(x) = \underset{\sim}{A}(x).$$

另一方面, $\underset{\sim}{A}(xy) = \underset{\sim}{A}(x(y^{-1})^{-1}) \geqslant \underset{\sim}{A}(x) \wedge \underset{\sim}{A}(y^{-1}) \geqslant \underset{\sim}{A}(x) \wedge \underset{\sim}{A}(y)$. 综合这两方面, 根据定理 2.8.2 可得 $\underset{\sim}{A}$ 为 G 的模糊子群.

定理 2.8.5　设 G 是一个群, $\underset{\sim}{A} \in \mathfrak{F}(G)$, 则 $\underset{\sim}{A}$ 为 G 的模糊子群 (模糊子半群)$\Leftrightarrow \forall \lambda \in [0, 1]$, A_λ 是 G 的一个子群 (子半群).

证明　必要性　设 $\underset{\sim}{A}$ 为 G 的模糊子群, 则 $\forall \lambda \in [0, 1], \forall x, y \in A_\lambda$, 有 $A(x) \geqslant \lambda$, $A(y) \geqslant \lambda$. 由定理 2.8.4 可知

$$\underset{\sim}{A}(xy^{-1}) \geqslant \underset{\sim}{A}(x) \wedge \underset{\sim}{A}(y) \geqslant \lambda,$$

故 $xy^{-1} \in A_\lambda$, 即 A_λ 是 G 的子群.

充分性 (反证法) 假设存在 $x_0, y_0 \in G$, 使得

$$\underset{\sim}{A}(x_0 y_0^{-1}) < \underset{\sim}{A}(x_0) \wedge \underset{\sim}{A}(y_0).$$

令 $\lambda_0 = \frac{1}{2}[\underset{\sim}{A}(x_0 y_0^{-1}) + (\underset{\sim}{A}(x_0) \wedge \underset{\sim}{A}(y_0))]$, 则

$$\underset{\sim}{A}(x_0) \wedge \underset{\sim}{A}(y_0) > \lambda_0 > 0, \quad \underset{\sim}{A}(x_0 y_0^{-1}) < \lambda_0.$$

从而可得 $\underset{\sim}{A}(x_0) > \lambda_0$, $\underset{\sim}{A}(y_0) > \lambda_0$, 即 $x_0 \in A_{\lambda_0}$, $y_0 \in A_{\lambda_0}$. 由于 A_{λ_0} 是 G 的子群, 则 $x_0 y_0^{-1} \in A_{\lambda_0}$, 即 $\underset{\sim}{A}(x_0 y_0^{-1}) \geqslant \lambda_0$, 这与 $\underset{\sim}{A}(x_0 y_0^{-1}) < \lambda_0$ 相矛盾. 因此 $\forall x, y \in G, \underset{\sim}{A}(xy) \geqslant \underset{\sim}{A}(x) \wedge \underset{\sim}{A}(y)$, 即 $\underset{\sim}{A}$ 为 G 的模糊子群.

定理 2.8.6 若群 G 的每个元素的阶都是有限数, 则 G 的模糊子半群为 G 的模糊子群.

证明 设 G 的模糊子半群为 $\underset{\sim}{A}$. 根据题意知 $\forall x \in G, x^n = e$.

(1) 若 $x \neq e$, 则 $n > 1$, 且 $x^{-1} = x^{n-1}$. 从而

$$\underset{\sim}{A}(x^{-1}) = \underset{\sim}{A}(x^{n-1}) \geqslant \underset{\sim}{A}(x) \wedge \underset{\sim}{A}(x) \wedge \cdots \wedge \underset{\sim}{A}(x) = \underset{\sim}{A}(x).$$

(2) 若 $x = e$, 则 $\underset{\sim}{A}(e^{-1}) = \underset{\sim}{A}(e)$.

综合上述两方面, 故 $\forall x \in G, \underset{\sim}{A}(x^{-1}) \geqslant \underset{\sim}{A}(x)$. 又因为 $\underset{\sim}{A}$ 为 G 的模糊子半群, 故 $\underset{\sim}{A}$ 为模糊子群.

推论 2.8.7 有限群的模糊子半群均为模糊子群.

定义 2.8.8 设 G 是一个群, $\underset{\sim}{A}$ 为 G 的模糊子集. 若 $\forall x \in G(x \neq e)$, 有 $\underset{\sim}{A}(x) = c \leqslant \underset{\sim}{A}(e)(c$ 是常数), 则称 $\underset{\sim}{A}$ 为 G 的**平凡模糊子群**.

正规子群在群论中起着重要的作用, 模糊正规子群在模糊群论中也起着重要的作用.

定义 2.8.9 设 G 是一个群, $\underset{\sim}{H} \in \mathfrak{F}(G), \forall a \in G$.

(i) 若 $\forall x \in G, (a\underset{\sim}{H})(x) = \underset{\sim}{H}(a^{-1}x)$, 则称 $a\underset{\sim}{H}$ 为 $\underset{\sim}{H}$ 的**模糊左陪集**.

(ii) 若 $\forall x \in G, (\underset{\sim}{H}a)(x) = \underset{\sim}{H}(xa^{-1})$, 则称 $\underset{\sim}{H}a$ 为 $\underset{\sim}{H}$ 的**模糊右陪集**.

定义 2.8.10 设 G 是一个群, $\underset{\sim}{H} \in \mathfrak{F}(G)$. 若 $\forall a \in G$, 有 $a\underset{\sim}{H} = \underset{\sim}{H}a$, 则称 $\underset{\sim}{H}$ 是 G 的模糊正规元. 若 $\underset{\sim}{H}$ 是 G 的模糊子群, 则称 $\underset{\sim}{H}$ 是 G 的**模糊正规子群**(fuzzy normal subgroup).

定理 2.8.11 设 G 是一个群, $\underset{\sim}{H} \in \mathfrak{F}(G)$, 则下列条件等价:

(i) $\underset{\sim}{H}$ 是 G 的**模糊正规元**;

(ii) $\forall x, y \in G, \quad \underset{\sim}{H}(xy) = \underset{\sim}{H}(yx)$;

(iii) $\forall x, y \in G, \quad \underset{\sim}{H}(xyx^{-1}) = \underset{\sim}{H}(y)$.

证明 (i)⇔(ii) $\forall x \in G$, $x^{-1}\underset{\sim}{H} = \underset{\sim}{H}x^{-1} \Leftrightarrow \forall y \in G, (x^{-1}\underset{\sim}{H})(y) = (\underset{\sim}{H}x^{-1})(y) \Leftrightarrow \underset{\sim}{H}(xy) = \underset{\sim}{H}(yx)$.

(ii)⇔(iii) $\underset{\sim}{H}(xyx^{-1}) = \underset{\sim}{H}(x(yx^{-1})) = \underset{\sim}{H}((yx^{-1})x) = \underset{\sim}{H}(y)$.

定义 2.8.12 设 G 是一个群, $\underset{\sim}{H}$ 是 G 的模糊正规子群, 则称 $G/\underset{\sim}{H} = \{a\underset{\sim}{H} | a \in G\}$ 为 G 关于 $\underset{\sim}{H}$ 的**模糊商群**(fuzzy quotient group).

定义 2.8.13 设 G 是一个有限群, $\underset{\sim}{H}$ 是 G 的模糊子群, $\underset{\sim}{H}$ 在 G 的模糊左 (右) 陪集集合的基数称为 G 的**指数**, 记为 $[G:H]$.

定理 2.8.14 设 G 是一个群, $\underset{\sim}{H} \in \mathfrak{F}(G)$, 令

$$N(\underset{\sim}{H}) = \{x \in G | x\underset{\sim}{H} = \underset{\sim}{H}x\},$$

则 $N(\underset{\sim}{H})$ 是 G 的子群.

证明 (1) 显然 $e \in N(\underset{\sim}{H})$.

(2) $\forall x, y \in N(\underset{\sim}{H})$, 则 $x\underset{\sim}{H} = \underset{\sim}{H}x$, $y\underset{\sim}{H} = \underset{\sim}{H}y$. 从而

$$xy\underset{\sim}{H} = x(y\underset{\sim}{H}) = x(\underset{\sim}{H}y) = (x\underset{\sim}{H})y = \underset{\sim}{H}xy,$$

即 $xy \in N(\underset{\sim}{H})$.

(3) $\forall x \in N(\underset{\sim}{H})$, 则 $x\underset{\sim}{H} = \underset{\sim}{H}x$. 进而 $x^{-1}x\underset{\sim}{H}x^{-1} = x^{-1}\underset{\sim}{H}xx^{-1}$, 即 $\underset{\sim}{H}x^{-1} = x^{-1}\underset{\sim}{H}$. 故 $x^{-1} \in N(\underset{\sim}{H})$.

综合上述分析可知, $N(\underset{\sim}{H})$ 是 G 的子群.

推论 2.8.15 设 $\underset{\sim}{H}$ 是群 G 的模糊子群, 则 $\underset{\sim}{H}$ 是 $N(\underset{\sim}{H})$ 的模糊正规子群.

定义 2.8.16 设 G 是一个群, $\underset{\sim}{H} \in \mathfrak{F}(G)$, 则称 $N(\underset{\sim}{H})$ 是 G 关于 $\underset{\sim}{H}$ 的正规化子, 简称 $\underset{\sim}{H}$ 的**正规化子**.

定义 2.8.17 设 $(G, \cdot)$ 是一个有二元运算的代数系统. $\forall \underset{\sim}{A}, \underset{\sim}{B} \in \mathfrak{F}(G)$, $\forall z \in G$, 在 $\mathfrak{F}(G)$ 上定义二元运算为

$$(\underset{\sim}{A} \cdot \underset{\sim}{B})(z) = \bigvee_{xy=z} (\underset{\sim}{A}(x) \wedge \underset{\sim}{B}(y)),$$

则称 $\underset{\sim}{A} \cdot \underset{\sim}{B}$ 为 $\underset{\sim}{A}$ 和 $\underset{\sim}{B}$ 的**乘积**, 简记为 $\underset{\sim}{A}\underset{\sim}{B}$.

定理 2.8.18 设 G 是一个半群, $\underset{\sim}{A} \in \mathfrak{F}(G)$, $\underset{\sim}{A} \neq \varnothing$, 则 $\forall x, y \in G$, $\underset{\sim}{A}(xy) \geqslant \underset{\sim}{A}(x) \wedge \underset{\sim}{A}(y) \Leftrightarrow \underset{\sim}{A}\underset{\sim}{A} \subseteq \underset{\sim}{A}$.

证明 必要性 $\forall z \in G$,

$$(\underset{\sim}{A} \cdot \underset{\sim}{A})(z) = \bigvee_{xy=z} (\underset{\sim}{A}(x) \wedge \underset{\sim}{A}(y)) \leqslant \bigvee_{xy=z} \underset{\sim}{A}(xy) = \underset{\sim}{A}(z),$$

故 $\underset{\sim}{A}\underset{\sim}{A} \subseteq \underset{\sim}{A}$.

充分性　$\forall x, y \in G$, 由于 $\underset{\sim}{A}\underset{\sim}{A} \subseteq \underset{\sim}{A}$, 则

$$\underset{\sim}{A}(xy) \geqslant \underset{\sim}{A}\underset{\sim}{A}(xy) \geqslant \underset{\sim}{A}(x) \wedge \underset{\sim}{A}(y).$$

定理 2.8.19　设 G 是一个群, $\underset{\sim}{A} \in \mathfrak{F}(G)$ 为 G 的模糊子群, 则 $\underset{\sim}{A}\underset{\sim}{A} = \underset{\sim}{A}$.

证明　由定理 2.8.18 可知 $\underset{\sim}{A}\underset{\sim}{A} \subseteq \underset{\sim}{A}$, 剩下的只需求证 $\underset{\sim}{A} \subseteq \underset{\sim}{A}\underset{\sim}{A}$. 事实上, $\forall z \in G$,

$$(\underset{\sim}{A} \cdot \underset{\sim}{A})(z) = \bigvee_{xy=z}(\underset{\sim}{A}(x) \wedge \underset{\sim}{A}(y)) = \bigvee_{x \in G}(\underset{\sim}{A}(x) \wedge \underset{\sim}{A}(x^{-1}z)) \geqslant (\bigvee_{x \in G}\underset{\sim}{A}(x)) \wedge \underset{\sim}{A}(z) \geqslant \underset{\sim}{A}(z),$$

即 $\underset{\sim}{A} \subseteq \underset{\sim}{A}\underset{\sim}{A}$.

定义 2.8.20　设 G 是一个群, $\underset{\sim}{A} \in F(G)$, 若 $\forall z \in G$, 有

$$\underset{\sim}{A}^{-1}(z) \geqslant \underset{\sim}{A}(z^{-1}),$$

则称 $\underset{\sim}{A}^{-1}$ 为 $\underset{\sim}{A}$ 的**模糊逆集**.

习　题　2

1. 设 G 是一个半群, 在 $G \times G$ 中规定运算如下:
对于 $\forall (x, y), (a, b) \in G \times G$,

$$(x, y) * (a, b) = (xa, yb).$$

(1) 证明 $(G \times G, *)$ 是一个半群.

(2) 证明当 G 有单位元时, $G \times G$ 也有单位元.

(3) G 是否为 $G \times G$ 的子半群?

2. 设 G 为一个半群, G 的运算适合消去律, 即 $\forall a, b, c \in G$, 有

$$ab = ac \Rightarrow b = c,$$

$$ba = ca \Rightarrow b = c.$$

证明 G 是可交换的当且仅当 $\forall a, b \in G$, $(ab)^2 = a^2 b^2$.

3. 令 G 为一个幺半群, R 为 G 上的一个等价关系, 满足: 对于任何 $a, b, c, d \in G$, 有

$$aRb \text{ 且 } cRd \Rightarrow acRbd.$$

证明 G 上的一个等价类族 G/R 关于如下的二元运算 $\cdot$ 构成一个幺半群: 对于任何 $[a], [b] \in G/R$,

$$[a] \cdot [b] = [ab],$$

其中 $x \in G$, $[x]$ 表示 x 在 G/R 中的等价类.

进一步地, 若 G 为一个群, 则 G/R 为群, 若 G 为一个交换群, 则 G/R 也为交换群.

4. 设 $(S, \cdot)$ 是半群, 对 $a \in S$, 记 $a \cdot S = \{a \cdot s | s \in S\}$ 和 $S \cdot a = \{s \cdot a | s \in S\}$. 证明

(1) 如果对于任意 $a \in S$ 有 $a \cdot S = S$ 和 $S \cdot a = S$, 那么 $(S, \cdot)$ 是群.

(2) 如果 $(S, \cdot)$ 是有限半群 (即 S 的基数是有限) 且满足消去律, 那么对任意 $a \in S$, 有 $a \cdot S = S$ 和 $S \cdot a = S$. 特别地, $(S, \cdot)$ 是群.

5. 群 G 的一个非空有限子集 H 是子群当且仅当 H 关于 G 上的求逆运算和二元运算均封闭.

6. 令 G 为一个群, $\{H_i | i \in I\}$ 为其一族子群, 则对任意 $a \in G$ 有

$$(\cap_{i \in I} H_i)a = \cap_{i \in I} H_i a.$$

7. 设 A, B 是 G 的子群, 则 AB 是 G 的子群当且仅当 $AB = BA$.

8. 设 G 是 p 阶群 (p 为素数). 证明: 对任意 $a \in G$, 若 $a \neq e$, 则 $G = \langle a \rangle$.

9. 设 G 为一个有限群, 证明下述条件等价.

(1) $|G|$ 为素数.

(2) $G \neq \{e\}$ 且 G 没有真子群.

(3) 对于某个素数 p 有 $G \cong \mathbf{Z}_p$.

10. 若 H 在 G 中为正规子群, 则 H 在任何含有 H 的子群中也是正规的.

11. 若 $H \triangleleft G, S$ 为 G 的子群且 $H \subseteq S$, 则 $S \triangleleft G$ 成立.

12. (1) 设 H 是 G 的一个子群, 具有性质: H 的任意两个左陪集的乘积仍是一个左陪集 (即 $aH \cdot bH$ 仍为一个左陪集), 则 H 是 G 的正规子群.

(2) 设 S, T 为 G 的子群, 且 S 是正规子群, 则 ST 是 G 的子群.

13. 设 H 和 K 是群 G 的两个子群. 证明

(1) $HK \leqslant G \Leftrightarrow HK = KH$.

(2) $H \triangleleft G \Rightarrow HK \leqslant G$.

14. 设 G 是群, $H \triangleleft G, S \leqslant G$, 证明

(1) $SH \leqslant G; H \triangleleft SH; S \cap H \triangleleft S$.

(2) $SH/H \cong S/S \cap H$.

15. 设 $f \colon G \to H$ 为一个群同态, $a \in G$, $f(a)$ 在 H 中有有限阶 n, 则 a 在 G 中的阶 m 为无限的或者 $f(a)$ 的阶 n 满足 $n | m$.

16. 设 H 是群 G 的一个子群, $n = [G:H] < \infty$, 判别下面结论是否成立, 若是, 则证明之; 若否, 则举一个反例.

(1) 若 $a \in G$, 则 $a^n \in H$.

(2) 若 $a \in G$, 则存在一个不超过 n 的自然数 k 满足 $a^k \in H$.

17. 举例说明在对称群 S_3 中存在两个不同的子群 H_1, H_2 以及元素 $a_1, a_2 \in S_3$ 使 $a_1 H_1 = H_2 a_2$.

18. 设 G 是群, 则 G 中指数为 2 的子群 H 为正规子群.

19. 若 $\{H_i | i \in I\}$ 为 G 的一族正规子群, 证明 $\cap_{i \in I} H_i$ 为 G 的正规子群.

20. 令 $\sim$ 为群 G 上的一个等价关系, $H = \{a \in G | a \sim e\}$, 则 $\sim$ 是 G 上的一个合同关系当且仅当 H 是 G 的正规子群, 并且 $\sim$ 是模 H 的一个合同关系.

21. 令 G 为一个群, $H \lhd G$, 证明: 若 H 和 G/H 都是有限生成的, 则 G 也是有限生成的.

22. 一个群 G 叫做**单群**, 如果它不是恒等元 (单位元) 群且没有非平凡的正规子群. 也就是说, 对于单群而言, 其正规子群只能是 $\{e\}$ 和 G. 设 G 是一个有限群, $G_1 = G \times G$, 假定 G_1 恰好有 4 个正规子群, 求证 G 是一个非交换的单群.

23. 设 H 是一个交换群 G 的子群, 下面的结论是否成立, 证明之, 或举反例推翻.

(1) 若 G/H 是有限循环群, 则 G 同构于 G/H 与 H 的直积.

(2) 若 G/H 是无限循环群, 则 G 同构于 G/H 与 H 的直积.

24. 在 S_n 中, 称一个置换 π 是 t-**循环置换**, 或 t-**轮换**, 如果 $\pi i_1 = i_2$, $\pi i_2 = i_3$, $\cdots$, $\pi i_{t-1} = i_t$, $\pi i_t = i_1$ 且 $\pi i = i$, $i \notin \{i_1, i_2, \cdots, i_t\}$. 此时把 π 简记作 $\pi = (i_1 i_2 \cdots i_t)$, 并且易证 $\pi = (i_2 i_3 \cdots i_t i_1)$. 取任意置换 π, 则不难证明: π 可表为一些不相交的轮换的乘积, 即 $\pi = (i_1 i_2 \cdots i_t)(j_1 j_2 \cdots j_s) \cdots (k_1 k_2 \cdots k_r)$. 这也说明, 所有轮换组成的 S_n 的一个生成元集.

对轮换进一步分解有

$$(i_1 i_2 \cdots i_t) = (i_1 i_t) \cdots (i_1 i_3)(i_1 i_2),$$

即每一 t-轮换可分解成 2-轮换 (也称为**对换**) 的乘积, 这样所有对换 (i, j) $(i, j \in \{1, 2, \cdots, n\})$ 组成 S_n 的另一个生成元集.

每一置换表乘对换乘积时, 表法不是唯一的, 但对换个数的奇偶性不变, 能表成偶 (奇) 数个对换乘积的置换叫偶 (奇) 置换.

(1) 证明所有 n 次偶置换做成 S_n 的子群, 叫做 n 次**交代群**.

(2) S_n 有生成元素 $\{(12 \cdots n), (12)\}$.

(3) 设 G 是 n 阶循环群 $(n < \infty)$, 则 G 与 S_n 的一个子群同构.

(4) 设 G 是 n 阶有限群, 则 G 与 S_n 的一个子群同构.

25. 若 K, H, G 为群, 且 K 为 H 的真子群, H 为 G 的真子群, 则

(1) $[G : K] = [G : H][H : K]$;

(2) 若上面三个指数中的其中两个为有限, 则第三个也为有限.

26. 令 H 和 K 为群 G 的子群, 且 H, K 为有限指数, 则 $[G{:}H \cap K]$ 是有限的, $[G{:}H \cap K] \leqslant [G{:}H][G{:}K]$.

进一步地, $[G{:}H \cap K]=[G{:}H][G{:}K] \Leftrightarrow G=HK$.

(提示: 考虑习题 26, 定理 2.5.5～定理 2.5.7, 可以完成).

27. (思考题) 平面上正 n 边形 $(n \geqslant 3)$ 的全体对称的集合 D_{2n}, 它包含 n 个旋转和 n 个反射 (沿 n 条不同的对称轴). 从几何上可以很容易看出, D_{2n} 对于变换的乘法, 即变换的连续施加来说组成一个群, 叫做**二面体群** D_{2n}, 它包含 $2n$ 个元素 (有些书中, 将 D_{2n} 记为 D_m, 其中 m 为正 m 边形, 例如, D_3 为 6 阶二面体群, 其中 $n = 3$).

下面我们讨论 $m=4$ 的情况, 即含有 8 个元的二面体群, 其中 $n = 4$.

平面正方形对称群 D_4 (Group of symmetries of the square).

设 X 为 xy 平面, G 是绕原点 O 的转动群, 中心在 O 的正方形 $ABCD$ 是 X 的子集, 正方形 $ABCD \subset X$. 用求正三角形对称群 D_3 的方法, 可以求出下面 8 个转动使正方形 $ABCD$ 不变:

$$e : \text{恒等转动}, \qquad r : \text{绕 } z \text{ 轴转 } \pi/2 \text{ 角},$$
$$r^2 : \text{绕 } z \text{ 轴转 } \pi \text{ 角}, \qquad r^3 : \text{绕 } z \text{ 轴转 } 3\pi/2 \text{ 角},$$
$$a : \text{绕对角线 } 1 \text{ 转 } \pi \text{ 角}, \quad b : \text{绕对角线 } 2 \text{ 转 } \pi \text{ 角},$$
$$u : \text{绕 } x \text{ 轴转 } \pi \text{ 角}, \qquad v : \text{绕 } y \text{ 轴转 } \pi \text{ 角}.$$

见下图, 这 8 个保持正方形 $ABCD$ 不变的元素, 构成 G 的一个子群, 称为 D_4 群, 即 $D_4 = \{e, r, r^2, r^3, a, b, u, v\}$. 正方形 $ABCD$ 是 D_4 不变的.

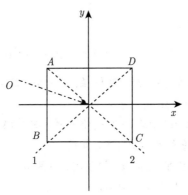

试找出 D_4 的子群 H 和 K, 使得 $H \lhd K$ 和 $K \lhd D_4$, 但是 H 不是 D_4 的子群.

*28. 设 G 是一个群, $\underset{\sim}{A}$ 与 $\underset{\sim}{B}$ 为 G 的模糊子群, 试证 $\underset{\sim}{A} \cap \underset{\sim}{B}$ 是 G 的模糊子群.

*29. 设 $G = \{e, a, a^{-1}, a^2, a^{-2}, \cdots\}$, $\underset{\sim}{A} \in \mathfrak{F}(G)$, 即

$$\underset{\sim}{A}(e) = 1, \quad \underset{\sim}{A}(a^k) = 0.5, \quad \underset{\sim}{A}(a^{-k}) = 0.25, \quad k = 1, 2, \cdots.$$

求证 (1)G 是一个群;

(2) $\underset{\sim}{A}$ 为 G 的模糊子半群, 但 $\underset{\sim}{A}$ 不是 G 的模糊子群.

*30. 设 G 是一个群, $\underset{\sim}{A}$ 与 $\underset{\sim}{B}$ 为 G 的模糊正规子群, 试证 $\underset{\sim}{A} \cap \underset{\sim}{B}$ 是 G 的模糊正规子群.

*31. 设 G 是一个群, $\underset{\sim}{A}$ 为 G 的模糊正规子群, 求证 Supp$\underset{\sim}{A}$ 为 G 的正规子群.

第 3 章　环

上一章初步讨论了具有一个二元运算的代数系 —— 群, 这一章将讨论具有两个二元运算的代数系 —— 环. 在同构定义下, 环的分类问题远比群的分类问题要复杂的多, 它也是代数研究中的另一基本概念. 本章将讨论在代数的几个领域中常常用到的有关环的内容, 即环的最基本性质. 关于环论的一些应用, 如在软件设计、编码理论、密码学等中的应用, 读者可以参看相应的文献.

3.1　环的定义与同态

本节将给出环论最基本的概念和大量的例子, 一些常用的计算方面的性质也会给出, 唯一麻烦的是在短时间内会给出许多相应的术语, 希望大家能够耐心地、及时地掌握.

定义 3.1.1　一个非空集合 R, 其上定义了两个二元运算 (通常用 $+$ 和 $\cdot$ 表示), 称 $(R, +, \cdot)$ 为一个**环**, 若其满足如下条件 (i)~(iii):

(i) $(R, +)$ 为一个加群;

(ii) $(a \cdot b) \cdot c = a \cdot (b \cdot c)(\forall a, b, c \in R)$　(结合律)(即 $(R, \cdot)$ 为半群);

(iii) 对任意 $a, b, c \in R$, 有

$$a \cdot (b + c) = a \cdot b + a \cdot c \quad (乘法对加法满足左分配律);$$
$$(a + b) \cdot c = a \cdot c + b \cdot c \quad (乘法对加法满足右分配律).$$

如果另外还满足

(iv) $ab = ba \ (\forall a, b \in R)$　(交换律),

则称 R 是一个**交换环**.

若环 R 满足:

(v) 存在 $1 \in R$ 使 $1 \cdot a = a \cdot 1 = a$　$(\forall a \in R)$,

则称 R 为**带有单位元的环**(也称为幺环).

注意　(1) 一个环 R 中关于加法的单位元通常称为**零元**, 用 0 表示.

若 R 是一个环, $a \in R$ 且 $n \in \mathbf{Z}$, 则 na 表示它通常加法中的含义. 例如, 当 $n > 0$ 时, $na = a + a + \cdots + a$　(n 个 a 的和).

(2) 我们知道, 半群未必有单位元, 但是, 如果有的话, 那么, 只能有一个, 故由 $(R, \cdot)$ 为半群知: 有单位元的环 R 中, 单位元是唯一的, 通常用 1 表示环的唯一的

单位元 (有时也用 1_R 表示, 主要为的是在上下文中不混淆).

(3) 设 R 是有单位元的环.

如果 $R = \{0\}$, 因为对任意 $a \in R$, 均有 $a = a \cdot 1 = a \cdot 0 = 0$ 成立, 故 R 仅含有一个零元时, 必有 $1 = 0$.

由此可见, 若 R 是一个有单位元的环, R 不是仅含有一个元, 则 $1 \neq 0$.

事实上, 此问题也可等价地表述如下: 若 $1 = 0$, 则 $\forall a \in R$, 由于 1 为 R 关于乘法的单位元, 所以 $1a = a$. 又根据定理 3.1.2(i) 有 $0 = 0a$, 这样再根据 $1 = 0$, 将得到 $0 = 0a = 1a = a$, 导出 R 只有一个元 0, 因此 $R = \{0\}$, 故当 R 至少含有两个元时, 必有 $1 \neq 0$.

(4) 对于 $a, b \in R$, 常将 $a \cdot b$ 记为 ab.

例 1 (1) $\mathbf{Z}$ 关于数目的加法 +、乘法 × 做成一个环.

这是因为, 我们已知 $(\mathbf{Z}, +)$ 是一个加法群, 数的乘法满足结合律, 故 $(\mathbf{Z}, \times)$ 是一个乘法半群, 又数的乘法对加法适合分配律, 故 $(\mathbf{Z}, +, \times)$ 是一个环.

同样, 数集 $\mathbf{Q}, \mathbf{R}, \mathbf{C}$ 关于数的加法、乘法也均为环. 有时将数集关于数的加法和乘法做成的环, 叫做**数环**.

(2) $\mathbf{Z}[\mathrm{i}] = \{x + y\mathrm{i} | x, y \in \mathbf{Z}\}$ $(\mathrm{i}^2 = -1)$, 关于数的加法 + 和乘法 × 做成环, 故 $\mathbf{Z}[\mathrm{i}]$ 是一个数环, 通常叫做**高斯整数环**.

(3) 系数为整数的所有 x 的多项式所成集合 $\mathbf{Z}[x]$ 关于多项式的加法与乘法做成一个环.

一般地, 设 R 为一个数环, $R[x]$ 表示系数属于 R 的所有 x 的多项式所成集合, 则 $R[x]$ 关于多项式的加法和乘法做成一个环, 通常称为 R 上未知量 x 的多项式环.

(4) 商集 $\mathbf{Z}_m = \{[0], [1], \cdots, [m-1]\}$ 关于加法运算

$$[a] + [b] = [a+b]$$

与乘法运算

$$[a] * [b] = [ab]$$

做成一个环, $(\mathbf{Z}_m, +, *)$ 被称为模 m 的**剩余类环**.

事实上, 由第 2 章可知, $\mathbf{Z}_m$ 关于上述加法运算构成一个群.

因为整数的乘法满足交换律, 所以关于上述 $*$ 运算, $\mathbf{Z}_m$ 满足交换律是显然的.

任取 $[x], [y], [z] \in \mathbf{Z}_m$, 有

$$([x] * [y]) * [z] = [xy] * [z] = [(xy)z] = [x(yz)] = [x] * [yz] = [x] * ([y] * [z]),$$

所以 $(\mathbf{Z}_m, *)$ 是一个交换半群. 又由于

$$[x] * ([y] + [z]) = [x] * [y + z] = [x(y + z)] = [xy + xz] = [xy] + [xz] = [x] * [y] + [x] * [z],$$

所以 $(\mathbf{Z}_m, *)$ 为一个交换环.

定理 3.1.2 令 R 为一个环, 则

(i) $0a = a0 = 0$ (对任意 $a \in R$).

(ii) $(-a)b = a(-b) = -(ab)$ (对任意 $a, b \in R$).

(iii) $(-a)(-b) = ab$ (对任意 $a, b \in R$).

(iv) $(na)b = a(nb) = n(ab)$ (对任意 $n \in \mathbf{Z}$, 任意 $a, b \in R$).

(v) $\left(\sum\limits_{i=1}^{n} a_i \right) \left(\sum\limits_{j=1}^{m} b_j \right) = \sum\limits_{i=1}^{n} \sum\limits_{j=1}^{m} a_i b_j$ (对任意 $a_i, b_j \in R$).

证明   (i) $0a = (0 + 0)a = 0a + 0a$, 因此 $0a = 0$.

(ii) $ab + (-a)b = (a + (-a))b = 0b = 0$, 因此 $(-a)b = -(ab)$.

(ii) 意味着 (iii) 成立.

(iv) 是 (v) 的特殊情况, (v) 可以由归纳法证得.

下面的两个定义介绍更多术语. 之后, 给出一些例子.

定义 3.1.3 令 R 为一个环, $a \in R \backslash \{0\}$ 被称为**左 (右) 零因子**, 如果存在 $b \in R \backslash \{0\}$ 满足 $ab = 0$ $(ba = 0)$.

若 $a \in R \backslash \{0\}$, 既是左零因子又是右零因子, 则称 a 为**零因子** (zero divisor).

例 2   (1) 取整数环上二阶方阵的全体 $(\mathbf{Z})_2$, 则可以证得它关于通常方阵的加法和乘法为一个环, 称为二阶方阵环.

取 $\begin{pmatrix} 0 & 1 \\ 0 & 0 \end{pmatrix}$, $\begin{pmatrix} 1 & 0 \\ 0 & 0 \end{pmatrix} \in (\mathbf{Z})_2$, 则有 $\begin{pmatrix} 0 & 1 \\ 0 & 0 \end{pmatrix} \neq 0$, $\begin{pmatrix} 1 & 0 \\ 0 & 0 \end{pmatrix} \neq 0$, 而 $\begin{pmatrix} 0 & 1 \\ 0 & 0 \end{pmatrix}$

$\begin{pmatrix} 1 & 0 \\ 0 & 0 \end{pmatrix} = 0$, 所以 $\begin{pmatrix} 1 & 0 \\ 0 & 0 \end{pmatrix}$ 为右零因子, $\begin{pmatrix} 0 & 1 \\ 0 & 0 \end{pmatrix}$ 为左零因子.

(2) 求剩余类环 $\mathbf{Z}_{12}$ 的所有零因子.

因为 $[k] \neq [0]$ 是 $\mathbf{Z}_{12}$ 的零因子必须有

$$存在 [h] \neq [0] \text{ 且 } [h] \in \mathbf{Z}_{12}, 使得 [k][h] = [0],$$

即 $[kh] = [0]$, 从而 $12 | kh$, 于是 $k = 2, 3, 4, 6, 8, 9, 10$.

即 $[2], [3], [4], [6], [8], [9], [10]$ 是 $\mathbf{Z}_{12}$ 的所有零因子.

易证: 一个环 R 没有零因子当且仅当左、右消去律在 R 中成立, 也即对任意 $a, b, c \in R$, $a \neq 0$, 有

$$ab = ac \text{ 或 } ba = ca \Rightarrow b = c.$$

定义 3.1.4 一个不含零因子的有单位元的交换环叫做一个**整环**.

一个至少含有两个元的环 R, 若其一切非零元所成集合 R^* 构成 $(R, \cdot)$ 的子群, 则称 R 是一个**除环**.

一个交换的除环叫做一个**域**.

例 3 (1) 所有数环都是交换环, 同时也是整环. 数域上的多项式环也是整环.

(2) 二阶方阵环 $(\mathbf{Z})_2$, 模 12 的剩余类环 $\mathbf{Z}_{12}$ 都不是整环.

易知, (1) 一个除环 R 一定有单位元 1.

因为 R^* 是 $(R, \cdot)$ 的子群, 故 R^* 中存在单位元; 对任意 $a \in R^*$, 均有 $a \cdot 1 = 1 \cdot a = a$, 而不属于 R^* 的元只有零元, 而在环中, $0 \cdot 1 = 1 \cdot 0 = 0$, 故 R^* 的单位元 1 也是整个环 R 的单位元.

(2) 由于 R^* 对乘法封闭, 故除环中没有零因子.

这是因为, 若 $a \neq 0, ab = 0$, 则

$$b = 1 \cdot b = (a^{-1}a)b = a^{-1}(ab) = a^{-1}0 = 0.$$

(3) 在除环 R 中, 对任意 $a, b \in R, a \neq 0$, 方程 $ax = b, ya = b$ 在 R 中有解且仅有一个解.

这是因为, 当 $b \neq 0$ 时, 上述方程在 R^* 中都有唯一解, 而 0 不是上述方程的解;

当 $b = 0$ 时, 上述方程有且只有零解.

(4) 每个除环 R 至少有两个元 0 和 1.

设环 R 至少含有两个元素, 则由除环的定义可得:

R 是除环当且仅当 R 有单位元并且 R 中每一个非零元都可逆.

(5) 每个域 F 是一个整环.

这是因为 $a \neq 0, ab = 0$ 意味着

$$b = 1b = (a^{-1}a)b = a^{-1}(ab) = a^{-1}0 = 0.$$

所以 F 中不含零因子.

(6) 对每个整数 n, $\mathbf{Z}_n$ (模 n 的整数全体) 是一个不含零因子的环. 我们已知 $\mathbf{Z}_n = \{[i] | [i] = \{mn + I | m \in \mathbf{Z}\}, i = 0, 1, \cdots, n - 1\}$.

若 n 不是素数, 即 $n = kr(k > 1, r > 1)$, 则在 $\mathbf{Z}_n$ 中 $[k] \neq [0]$, $[r] \neq [0]$ 并且 $[k] \cdot [r] = [kr] = [n] = [0]$, 此处 $[k]$ 和 $[r]$ 是零因子.

若 n 是素数, 则 $\mathbf{Z}_n$ 是一个域 (该证明留给读者作练习).

(7) 下面介绍一个除环, 但不是域的例子.

设 A 是实数域 $\mathbf{R}$ 上四维向量空间, 其基底 $(1,0,0,0)$, $(0,1,0,0)$, $(0,0,1,0)$, $(0,0,0,1)$ 分别用 e, i, j, k 表示, 于是, A 中的元素均为

$$a_0 e + a_1 i + a_2 j + a_3 k$$

的形状. $(A, +)$ 是一个加群, 对 A 规定基底的乘法如表 3.1.1.

表 3.1.1　四维空间基底乘法表

●	e	i	j	k
e	e	i	j	k
i	i	$-e$	k	$-j$
j	j	$-k$	$-e$	i
k	k	j	$-i$	$-e$

即 e 作为乘法单位元, 而 i, j, k 按照下面顺序 (图 3.1.1), 相邻两个乘积按箭头顺序等于第三个, 与箭头顺序相反则等于第三个的负元.

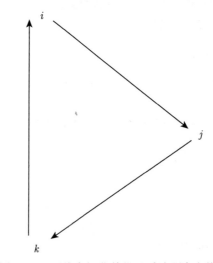

图 3.1.1　四维空间非单位元乘法顺序交换图

由此可以定义 A 中的乘法 $*$ 如下: 任取 $x, y \in A$, 即

$$x = a_0 e + a_1 i + a_2 j + a_3 k, \quad y = b_0 e + b_1 i + b_2 j + b_3 k,$$

规定:

$$x * y = (a_0 b_0 - a_1 b_1 - a_2 b_2 - a_3 b_3)e + (a_0 b_1 + a_1 b_0 + a_2 b_3 - a_3 b_2)i$$
$$+ (a_0 b_2 + a_2 b_0 + a_3 b_1 - a_1 b_3)j + (a_0 b_3 + a_3 b_0 + a_1 b_2 - a_2 b_1)k,$$

不难验证, $(A, +, *)$ 为一个带有单位元 e 的环, 但是由于

$$ij = -ji,$$

所以 A 不是交换环.

A 的零元是零向量, 故而对于任何的非零向量 $x = a_0 e + a_1 i + a_2 j + a_3 k$, 由空间向量的性质都有

$$\vartheta = a_0^2 + a_1^2 + a_2^2 + a_3^2 \neq 0,$$

此外,

$$x^{-1} = \frac{a_0}{\vartheta} e - \frac{a_1}{\vartheta} i - \frac{a_2}{\vartheta} j - \frac{a_3}{\vartheta} k,$$

从而 $(A, +, *)$ 为一个除环, 但不是域.

这是因为方程

$$ix = k, \quad yi = k$$

有不同的解: $x = j, y = -j$.

这个除环, 通常称之为**四元数除环** (**四元除体**).

下面定理在计算中常用.

回顾一下, 若 k, n 为整数且 $0 \leqslant k \leqslant n$, 则二项式系数 $\begin{pmatrix} n \\ k \end{pmatrix}$ 是数 $\dfrac{n!}{(n-k)!k!}$, 此处 $0! = 1$ 且 $n! = n \cdot (n-1) \cdots \cdots 2 \cdot 1$ (对于 $n \geqslant 1$).

我们知道, $\begin{pmatrix} n \\ k \end{pmatrix}$ 其实是正整数.

定理 3.1.5 (二项式定理)　令 R 为一个带有单位元的环, n 为一个正整数, 并且 $a, b, a_1, a_2, \cdots, a_s \in R$.

(i) 若 $ab = ba$, 则 $(a+b)^n = \displaystyle\sum_{k=0}^{n} \begin{pmatrix} n \\ k \end{pmatrix} a^k b^{n-k}$.

(ii) 若 $a_i a_j = a_j a_i$ (对于所有 i, j), 则

$$(a_1 + \cdots + a_s)^n = \sum \frac{n!}{(i_1!) \cdots (i_s!)} a_1^{i_1} \cdots a_s^{i_s},$$

此处为所有可能 s-对 $(i_1, i_2, \cdots, i_s)$ 且每个 s-对满足 $i_1 + i_2 + \cdots + i_s = n$.

证明　用数学归纳法可证得.

我们知道两个集合之间的关系就是指它们之间的那些映射, 由第 1 章以及环的定义, 可以给出环之间的映射同态对应.

定义 3.1.6　令 R 和 S 为环. 一个映射 $f: R \to S$ 是**环同态**, 如果下面的条件成立, 对任何 $a, b \in R$ 有

$$f(a+b) = f(a) + f(b),$$
$$f(ab) = f(a)f(b).$$

注意　(1) 在不引起混淆时, 可说 "同态" 而不用 "环同态".

(2) 若同态 f 为单射、满射、双射时, 则分别称 f 为单同态、满同态、同构.

若 f 为一个单同态, 则有时也称 f 为一个**嵌入**.

若 f 为同构, 并且 $R = S$, 则也称 f 为一个**自同构**.

称 Ker $f = \{r \in R | f(r) = 0\}$ 为同态映射 f 的**核**.

Im $f = \{x \in S | x = f(r),$ 对于某个 $r \in R\}$ 称为 f 的**像**.

(3) 若 R 和 S 各自存在单位元 1_R 和 1_S, f 为 $R \to S$ 的同态, 则并不能要求 $f(1_R) = 1_S$ (留作练习, 也可参考习题 10).

(4) 读者可以认真分析一下环的定义, 给出环的代数结构定义, 并用第 1 章中代数之间的同态定义给出 "环同态" 的定义, 证明 "环同态" 的定义与此处定义 3.1.6 的等价性.

例 4 (1) 令 $\mathbf{Z} \to \mathbf{Z}_m$ 的映射 $k \mapsto [k]$, 则这一典型映射为一个同态.

$\mathbf{Z}_3 \to \mathbf{Z}_6$ 定义为 $[k] \mapsto [4k]$, 则是一个环的单同态.

(2) 典型映射 $\mathbf{Z} \to \mathbf{Z}_m$ 定义为 $n \mapsto [n]$ $(\forall n \in \mathbf{Z})$ 为环的满同态.

(3) 设 R 为有单位元 1 的环, 定义映射

$$f : \mathbf{Z} \to R \text{ 为 } n \mapsto n\langle 1\rangle,$$

其中 $\langle 1\rangle = \{n | n = 1 + 1 + \cdots + 1 \ (n \text{ 个 } 1 \text{ 之和 })\}$, $+$ 为 R 中的加法.

可以证明 f 是保持加法和乘法的, 因而 f 是整数环 $\mathbf{Z}$ 到环 R 的一个同态, 也是整数环 $\mathbf{Z}$ 到 $\langle 1\rangle$ 的一个满同态, 但 f 一般不是同构.

(4) 设 R 与 S 为两个环, 0_S 为 S 的零元. 令 $f(x) = 0_S, \forall x \in R$, 则 f 是 R 到 S 的一个映射, 且 $x, y \in R$ 有

$$f(x + y) = 0_S = 0_S + 0_S = f(x) + f(y),$$
$$f(xy) = 0_S = 0_S 0_S = f(x)f(y),$$

所以 f 是 R 到 S 的同态, 称为**零同态**.

(5) 令 R 是一个交换环, End R 表示 R 上全体自同态全体. 在 End R 中定义

$$(f + g)(a) = f(a) + g(a),$$

易证 $f + g \in$ End R. 由于 R 是交换的, 这意味着 End R 为一个交换群. 令 End R 中的乘法为通常意义的乘数的合成, 则 End R 是一个环, 但并不能保证是交换环. 单位映射 $I_R : R \to R$ 为 End R 的单位元.

定义 3.1.7 令 R 为一个环, 若存在一个正整数 n, 使得对任意 $a \in R$, 都有 $na = 0$, 并且 n 是满足此性质的最小正整数, 则称 R 的**特征**为 n. 若不存在这样的 n, 则称 R 的特征为 0. 用 char $R = n$ 表示 R 的特征 n (characteristic n).

定理 3.1.8　令 R 为一个带有单位元 1 的环, 并且特征 $n > 0$.

(i) 若 $\varphi : \mathbf{Z} \to R$ 定义为 $m \mapsto m \cdot 1$, 则 φ 为一个环同态, 且 Ker $nel\langle n\rangle = \{kn | k \in \mathbf{Z}\}$ (此处 $\langle n\rangle$ 为由 $\langle n\rangle$ 生成的子群, Ker $nel\langle n\rangle$ 为由此子群对应 φ 值的核).

(ii) n 是满足 $n \cdot 1 = 0$ 的最小正整数.

(iii) 若 R 不含零因子 (特别地若 R 为整环), 则 n 是素数.

证明　(i) 显然.

(ii) 若 k 是满足 $k \cdot 1 = 0$ 的最小正整数, 则由定理 3.1.2,

$$\text{对于任何 } a \in R, \quad ka = k(1 \cdot a) = (k \cdot 1)a = 0 \cdot a = 0 \text{ 成立.}$$

(iii) 若 $n = kr$ 且 $1 < k < n$ 和 $1 < r < n$, 则 $0 = n \cdot 1 = (kr)1 \cdot 1 = (k \cdot 1)(r \cdot 1)$, 这意味着 $k \cdot 1 = 0$ 或 $r \cdot 1 = 0$, 与 (ii) 矛盾.

由定理 3.1.8 可以得知, R 为整环, 则 R 的特征 char R 为素数, 关于整环的特征进一步讨论也可参见习题 9.

定理 3.1.9　每个环 R 可以被嵌入到一个带有单位元的环 $S(S$ 不一定是唯一的), 则 S 的特征或者为 0 或者与 R 的特征相同.

证明提示　首先, 假设 char $R=0$.

令 S 为交换加群 $R \oplus \mathbf{Z}$ (群的直和) 并且在 S 中定义乘法为

$$(r_1, k_1)(r_2, k_2) = (r_1 r_2 + k_2 r_1 + k_1 r_2, k_1 k_2) \quad (r_i \in R, k_i \in \mathbf{Z}).$$

事实上, 可以验证 $(0, 1)$ 为单位元. 由于 $\mathbf{Z}$ 的特征为 0, 所以可以很容易推出 S 的特征为 0.

所以 S 为一个环且带有单位元 $(0, 1)$, 其特征为 0.

定义映射 $R \to S$ 为 $r \mapsto (r, 0)$.

可以证明此映射为一个环的单同态.

其次, 假设 char $R = n > 0$.

利用类似上面的手法可以选择 $S = R \oplus \mathbf{Z}_n$, 并且定义乘法为

$$(r_1, [k_1])(r_2, [k_2]) = (r_1 r_2 + k_2 r_1 + k_1 r_2, [k_1][k_2]),$$

此处 $r_i \in R, [k_i] \in \mathbf{Z}_n$,

则 char $S = n$.

希望读者根据证明提示, 完成定理 3.1.9 的证明.

3.2　理　　想

正如正规子群在群中所起的作用, 理想在环的研究中也会起类似的作用.

定义 3.2.1   令 R 为一个环, $S \subseteq R$ 且 $S \neq \varnothing$, S 关于 R 的加法和乘法均封闭. 若 S 关于 R 的环运算也构成一个环, 则称 S 为 R 的一个**子环**.

设 I 为 R 的一个子环.

如果 $r \in R$, $x \in I \Rightarrow rx \in I$, 则称 I 为 R 的一个**左理想**.

如果 $r \in R$, $x \in I \Rightarrow xr \in I$, 则称 I 为 R 的一个**右理想**.

如果 I 既为左理想也为右理想, 则称 I 为**理想** (ideal).

事实上, 子环的定义也可以利用子代数的定义方式给出, 两种定义方式的等价性, 读者可以自行完成.

读者可根据环的代数结构, 由 1.1 节, 给出环、子环的代数定义. 无论什么时候, 一个陈述若对左理想成立, 则类似地可得到关于右理想的陈述.

例 5   (1) 设 R 为一个环. R 的**中心**定义为

$$C = \{c \in R \mid cr = rc, \text{对于任意 } r \in R\},$$

C 中的元称为**中心元**. 易证 C 为 R 的一个子环, 但是 C 不一定为 R 的一个理想.

例如可以证明, 设 F 为一个域, F 上的所有 2×2 阶矩阵的全体为 S, S 的中心为形如 $\begin{pmatrix} a & 0 \\ 0 & a \end{pmatrix}$ 的矩阵全体, 这时这个中心就不是 S 中的一个理想.

(2) 对于任何整数 n, 循环子群 $\langle n \rangle = \{kn \mid k \in \mathbf{Z}\}$ 是整数 $\mathbf{Z}$ 的一个理想.

(3) 在数域 F 上多项式环 $F[x]$ 中, 命 A 表示一切常数项为零的多项式全体, 则 A 做成一个理想.

(4) 设 A 是任意环, 命 α 表示 A 中一切如下形式元素的集合:

$$\sum x_i a y_i + sa + at + na, \tag{3.1}$$

此处 a 是从 A 中取定的元素, x_i, y_i, s, t 是 A 的任意元, $n \in \mathbf{Z}$, 则 α 做成 A 的一个理想.

这是因为, $\forall x, y \in \alpha$, 则 $x - y$ 仍可表成式 (3.1) 的形式, 并且任取 $r \in A$, $y = \sum x_i a y_i + sa + at + na \in \alpha$, 则

$$ry = \sum (rx_i) a y_i + (rs)a + rat + (nr)a,$$

$$yr = \sum x_i a (y_i r) + sar + a(tr + nr)$$

都是式 (3.1) 的形式, 故 $ry, yr \in \alpha$.

下面还可证明: α 是 A 中包含 a 的最小理想.

因为设 β 是 A 中含 a 的一个理想，则对任意 x_i, y_i, s, t 必有 $\sum x_i a y_i + sa + at + na \in \beta$，故 $\alpha \subseteq \beta$.

(5) 任意一个环 $R \neq 0$ 都有两个理想：$\{0\}$ (称为**零理想**) 与 R (称为**单位理想**).

易知：设 $f: R \to S$ 为一个环同态，

(1) $\mathrm{Ker}\, f$ 为 R 的一个理想.

(2) $\mathrm{Im}\, f$ 为 S 的一个子环，但是 $\mathrm{Im}\, f$ 不一定为 S 的一个理想.

注意　(1) R 本身以及 $\{0\}$ 为 R 的理想，称为**平凡理想**.

(2) R 的一个 (左、右) 理想 I，若 $I \neq \{0\}$，$I \neq R$，则称为**真 (左、右) 理想**.

(3) 易知，若 R 有单位元 1，I 为 (左、右) 理想，则 $I = R \Leftrightarrow 1 \in I$. 也即一个非零的 (左、右) 理想 I 为真的当且仅当 I 不含 R 的可逆元 (由于 $1 \in I$，而 I 为理想，所以对于任意 $x \in R$，有 $x1 \in I$，因而导出 $I = R$. 另外，因为若 $u \in R$ 是可逆的，则 $1 = u^{-1}u \in I$).

定理 3.2.2　令 R 为一个环，I 为 R 的一个非空子集. 则 I 为左 (右) 理想当且仅当对于 $\forall a, b \in I$，$r \in R$ 有 (i) 和 (ii) 成立.

(i) $a, b \in I \Rightarrow a - b \in I$.

(ii) $a \in I$，$r \in R \Rightarrow ra \in I$ (相应地，$ar \in I$).

证明　易证，略.

推论 3.2.3　令 $\{A_j | j \in J\}$ 为环 R 的一族 (左、右) 理想，则 $\cap_{j \in J} A_j$ 也为 (左、右) 理想.

证明　由定理 3.2.2 显然可得.

定义 3.2.4　令 X 为环 R 的一个子集，$\{A_j | j \in J\}$ 为 R 的全体包含 X 的 (左、右) 理想，则 $\cap_{j \in J} A_j$ 称为由 X **生成**的 (左、右) **理想**，记为 (X).

X 中的元称为 (X) 的生成元.

若 $X = \{x_1, x_2, \cdots, x_n\}$，则 (X) 记为 $(x_1, x_2, \cdots, x_n)$，并说 (X) 是有限生成的. 由一个元生成的理想 (X) 称为**主理想**.

若一个环的任一个理想均为主理想，则称该环为**主理想环**. 若一个主理想环为一个整环，则称为**主理想整环**.

定理 3.2.5　设 R 为一个环，$a \in R$ 且 $X \subseteq R$，则下面陈述成立.

(i) 主理想 (a) 是由如下形式的元组成：

$$ra + as + na + \sum_{i=1}^{m} r_i a s_i \quad (r, s, r_i, s_i \in R; m \in \mathbf{N}, m \neq 0, n \in \mathbf{Z}).$$

(ii) 若 R 有单位元，则 $(a) = \left\{ \sum_{i=1}^{m} r_i a s_i \,\middle|\, r_i, s_i \in R; n \in \mathbf{N}, n \neq 0 \right\}$.

(iii) 若 a 为 R 的中心元，则 $(a) = \{ra + na | r \in R, n \in \mathbf{Z}\}$.

(iv) 若 R 有单位元, 则 $a \in Ra$ 且 $a \in aR$.

(v) 若 R 有单位元, a 属于 R 的中心, 则 $Ra = (a) = aR$.

(vi) 若 R 有单位元, X 属于 R 的中心, 则理想 (X) 是由所有形如 $r_1a_1 + \cdots + r_na_n (n \in \mathbf{N}, n \neq 0; r_i \in R; a_i \in X)$ 的有限和组成.

证明　只证 (i) 和 (ii). 其余留作读者完成.

(i) 仅需验证集合

$$I = \left\{ ra + as + na + \sum_{i=1}^{m} r_i a s_i \middle| r, s, r_i, s_i \in R; m \in \mathbf{N}, m \neq 0; n \in \mathbf{Z} \right\}$$

是一个包含 a 的一个理想, 并且对于任何一个包含 a 的理想 A 都有 $I \subseteq A$, 这样 $I = (a)$.

(ii) 只需验证如下事实, $ra = ra \cdot 1, a \cdot s = 1 \cdot a \cdot s, na = n(1 \cdot a) = (n \cdot 1)a$ 以及 $n \cdot 1 \in R$.

注意　(1) 在定理 3.2.5(ii) 中, 若 R 为交换环, 则总有 $a \in R$, $(a) = \{ra + na | r \in R, n \in \mathbf{Z}\}$ 成立.

(2) 设 R 是环, $X \subseteq R$, 下面讨论一下由 X 生成的理想 (X) 是由哪些元组成. 用定义和上面讨论的性质, 完全可得

$$(X) = \left\{ \sum \pm x_1 x_2 \cdots x_n | x_i \in (t_i), t_i \in X \right\},$$

特别地, 当环 R 是有单位元 1 时,

$$(X) = \sum_{x \in X} xR + \sum_{x \in X} Rx + \sum_{x \in R} RxR \quad (\text{有限和}).$$

当 R 是有单位元 1 的交换环时,

$$(X) = \sum_{x \in X} xR \quad (\text{有限和}).$$

与在群论中一样, 在环 R 的子集间引入加法和乘法. 设 A, B 为环 R 的非空子集, 规定

$$A + B = \{a + b | a \in A, b \in B\};$$

$$A \cdot B = \left\{ \sum_{i=1}^{n} a_i b_i | n \in \mathbf{N}, a_i \in A, b_i \in B, 1 \leqslant i \leqslant n \right\}.$$

由于加法可交换, 故有 $A + B = B + A$.

定理 3.2.6　设 A, B, C 为环 R 的 (左) 理想, 则

(i) $A + B$, AB 都是 (左) 理想.

(ii) $(A + B) + C = A + (B + C)$.

(iii) $(AB)C = A(BC)$.

(iv) $C(A + B) = CA + CB, (A + B)C = AC + BC$.

证明　利用定理 3.2.2 和相关的定义可以直接所得.

理想在环中所起作用与正规子群在群论中所起作用相似. 例如, 设 I 为环 R 的理想, 由于关于加法, R 为一个加群, 显然 I 为其正规子群, 这样商群 R/I 就为 $(a + I) + (b + I) = (a + b) + I$. 其实, 下面可以看到 R/I 为一个环.

定理 3.2.7　设 R 为一个环, I 为 R 的理想, 则加法商群 R/I 是一个环, 其中的乘法定义为

$$(a + I)(b + I) = ab + I.$$

这个环就叫 R 关于理想 I 的**商环**.

若 R 是交换的或者有单位元, 则 R/I 也具有同样的性质.

证明　首先证明乘法运算是有意义的, 即结果与代表选取无关. 已经知道 $r + I = \{r + x | x \in I\}$, 对于 $r \in R$,

任取 $a_1 \in a + I, b_1 \in b + I$, 应有

$$a_1 = a + x_1, \quad b_1 = b + x_2, \quad x_1, x_2 \in I,$$

并且

$$a_1 b_1 = (a + x_1)(b + x_2) = ab + x_1 b + ax_2 + x_1 x_2 = ab + x_3,$$

此处 $x_3 \in I$.

即

$$a_1 b_1 - ab \in I \Rightarrow (a_1 + I)(b_1 + I) = ab + I,$$

所以上面的乘法定义是合理的.

故 $(R/I, \cdot)$ 是一个半群.

由于

$$(a + I)((b + I) + (c + I)) = (a + I)((b + c) + I)$$
$$= a(b + c) + I = (ab + ac) + I$$
$$= (ab + I) + (ac + I) = (a + I)(b + I) + (a + I)(c + I).$$

同样有

$$((b + I) + (c + I))(a + I) = ((b + I)(a + I)) + ((c + I)(a + I)),$$

即 $(R/I, +, \cdot)$ 作成一个环.

若 R 为交换环, 则易验证 R/I 为交换的.

若 R 有单位元 1, 则 $1+I$ 为 R/I 的单位元.

与群论类似, 理想与环同态有着密切的关系.

定理 3.2.8　若 $f: R \to S$ 为一个环同态, 则 $\operatorname{Ker} f$ 是 R 的一个理想. 反之, 若 I 为环 R 的一个理想, 则映射

$$\pi: R \to R/I \text{ 为 } r \mapsto r + I$$

是一个满射, 并且 $\operatorname{Ker} \pi$ 为 I (有时也称此 π 为**典型满射**或射影).

证明　易知 $\operatorname{Ker} f$ 为 R 的一个子加群.

若 $x \in \operatorname{Ker} f$ 且 $r \in R$, 则

$$f(rx) = f(r)f(x) = f(r)0 = 0,$$

因此 $rx \in \operatorname{Ker} f$.

类似地, $xr \in \operatorname{Ker} f$, 从而 $\operatorname{Ker} f$ 为一个理想.

由群论知识可知, 映射 π 是群的满射, 并且其核为 I.

因为对于任意 $a, b \in R$,

$$\pi(ab) = ab + I = (a + I)(b + I) = \pi(a)\pi(b),$$

所以 π 也是环的满射.

回顾并且分析一下上面这些关于环的结论, 不难看出, 关于群的不同的同构定理, 在环中也成立, 只是需要将正规子群和群分别用理想和环替代. 要注意的是, 在群论相关同构定理的证明中, 我们当时用的都是乘法符号, 而在环论中进行替换时, 要用环的加群和理想的陪集. 利用这些分析, 可以立即得出.

定理 3.2.9 (环同态基本定理)　若 f 是环 $R \to S$ 的同态映射, $I \subseteq \operatorname{Ker} f$ 为 R 的一个理想, 则存在 R/I 到 S 的一个唯一的满同态 f' 使下面的图形交换 (图 3.2.1) (即 $f = f' \cdot \pi$, 此处 π 是 R 到 R/I 的自然同态), 当且仅当 $\operatorname{Ker} f = I$ 时, f' 是 R/I 到 S 的同构映射.

证明　由于 f, π 都是群同态, 故由第 2 章可知, 适合定理要求的 f' (作为群同态) 是存在的, 并且是唯一的. 剩下的问题是要证明保持乘法.

设 $x \in R$, 则

$$f'\pi(x) = (f'\pi)(x) = f'(\pi(x)),$$

故对于 $a, b \in R$, 有

$$f'(\pi(a)\pi(b)) = f'(\pi(ab)) = f(ab) = f(a)f(b) = f'(\pi(a))f'(\pi(b)),$$

即 f' 保持乘法运算.

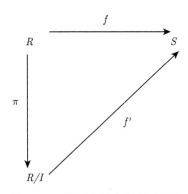

图 3.2.1　环同态基本定理示意图

与群的定理一样, 这里不必要求 f 是 R 到 S 的满同态, 当 f 是 R 到 S 的同态映射时, 相应的结论成立, 不过, 结论中 f' 相应改为同态当且仅当 $\operatorname{Ker} f = I$ 时, f' 是 R/I 到 S 的单同态.

从而, 由定理 3.2.9 可得下面重要推论.

推论 3.2.10 (第一同构定理)　　设 $f : R \to S$ 为一个环同态, 则 f 导出环 $R/\operatorname{Ker} f$ 到 $\operatorname{Im} f$ 的一个同构.

证明　　留作读者自证.

推论 3.2.11　　设 $f : R \to S$ 为一个环同态, I 为 R 的一个理想, J 为 S 的一个理想, 并且 $f(I) \subseteq J$, 则 f 导出一个环同态

$f' : R/I \to S/J$ 定义为 $a + I \mapsto f(a) + J$,

f^{-1} 是一个同构当且仅当 $\operatorname{Im} f + J = S$, 并且 $f^{-1}(J) \subseteq I$,

特别地, 若 f 是满射且 $f(I) = J$, 并且 $\operatorname{Ker} f \subseteq I$, 则 f' 是一个同构.

证明　　留作读者自证.

定理 3.2.12　　设 I 和 J 为环 R 的一个理想.

(i) (第二同构定理)　　$I + J, I \cap J$ 也是 R 的理想, 并且

$$(I + J)/J \cong I/(I \cap J).$$

(ii) (第三同构定理)　　若 $I \subseteq J$, 则 J/I 是 R/I 的一个理想, 并且

$$(R/I)/(J/I) \cong R/J.$$

证明　　只证 (i). 关于 (ii) 可以由 (i) 以及类似群论中相关定理得到它的证明.

由于推论 3.2.3 和定理 3.2.6 知, $I + J, I \cap J$ 是 R 的理想, 且 $I \cap J$ 是 I 的理想, 故商环 $I/(I \cap J)$ 有意义.

任取 $x \in I+J$, 则 $x = a+b\,(a \in I, b \in J)$.

令 $f: x \mapsto a+I \cap J$,

可证 f 是 $I+J$ 到 $I/I \cap J$ 的满射.

若 $x = a'+b'$, 则

$$a'+b' = a+b \Rightarrow a'-a = b-b',$$
$$a'-a \in I, b-b' \in J \Rightarrow a'-a \in I \cap J.$$

故 $a \equiv a'(I \cap J)$, 即 f 是合理定义的.

又任取 $a+I \cap J \in I/I \cap J$, 对于任意 $b \in J$, 则 $x = a+b \in I+J$, 从而 $f(x) = a+I \cap J$, 即 f 是 $I+J$ 到 $I/(I \cap J)$ 的满射.

任取 $x, y \in I+J$, 设 $x = a+b, y = a_1+b_1$, 则

$$x+y = (a+a_1)+(b+b_1), \quad xy = (a+b)(a_1+b_1) = aa_1+(ab_1+ba_1+bb_1) = aa_1+b',$$

其中 $b' = ab_1+ba_1+bb_1 \in J$, 于是有

$$f(x+y) = a+a_1+I \cap J = (a+I \cap J)+(a_1+I \cap J) = f(x)+f(y),$$
$$f(xy) = aa_1+I \cap J = (a+I \cap J)(a_1+I \cap J) = f(x)f(y),$$

即 f 是 $I+J$ 到 $I/(I \cap J)$ 的满同态.

下面证明: $\operatorname{Ker} f = J$. 从而由推论 3.2.10 有 $(I+J)/J \cong I/(I \cap J)$.

任取 $x \in J$, 则 $x = 0+x$, 故 $f(x) = 0+I \cap J = \bar{0}$, 即 $x \in \operatorname{Ker} f \Rightarrow J \subseteq \operatorname{Ker} f$.

反之, $x \in \operatorname{Ker} f$, 则 $f(x) = 0+I \cap J$, 即 x 有表示法: $x = a+b$, 能使 $a+I \cap J = 0+I \cap J$, 进而 $a \in I \cap J$, 于是 $x \in J$, 也就是, $\operatorname{Ker} f = J$.

定理 3.2.13 设 f 是环 R 到 R' 的满同态, $\operatorname{Ker} f = K$, S 表示 R 的一切含有 K 的子环的集合, S' 表示 R' 的一切子环的集合, 对 S 中任意元 I, 命 $f': I \to f(I)$, 则 f' 是 S 到 S' 的一个双射, 并且当且仅当 I 是 R 的理想时, $f(I)$ 是 R' 的理想.

因为此定理的证明与前面相应内容基本一样, 故不再重复.

这里的定理说明环 R 的商环穷尽了 R 的满同态像: 商环是满同态像, 满同态像就是商环. 这样, 一个环 R 和其他环的关系在一定意义下归结为 R 与其商环的关系, 即环 R 与外部世界的关系归结为环 R 自身的内部结构. 读者可以根据第 1 章合同关系的定义、环的代数定义得到有关环的合同关系~定义为

$$a \sim b \Leftrightarrow a-b \in I,$$

此处 I 为 R 的一个理想.

当然不去讨论环的合同关系, 也是完全可以的, 对于环论而言, 掌握了理想以及同态定理足够了.

下面研究环 R 的同态像为整环或域的情形.

众所周知, 在环 $\mathbf{Z}$ 中, 刻画素数有两种方式, 通常定义为

(1) 素数 p 是大于 1 的整数, 并且除 1 及 p 本身之外, 无正因子 (即正因数).

(2) 素数 p 是一个大于 1 的整数, 且任意的 $a, b \in \mathbf{Z}$,

$$p|ab \Rightarrow p|a \text{ 或 } p|b.$$

用理想的语言描述素数 p, 则为

(3) (p) 是 $\mathbf{Z}$ 的真理想, 且对于 $\mathbf{Z}$ 的任何理想 I, 若满足 $(p) \subset I$, 则 $I = \mathbf{Z}$.

(4) $ab \in (p) \Rightarrow a \in (p)$ 或 $b \in (p)$.

将素数的性质 (3) 和 (4) 推广到一般环中, 则可得到素理想和极大理想两个概念.

定义 3.2.14　环 R 中的一个理想 P, 如果 $P \neq R$ 并且对于环 R 中的任何理想 A, B, 都有

$$AB \subseteq P \Rightarrow A \subseteq P \text{ 或 } B \subseteq P,$$

那么称 P 为**素理想**.

下面是素理想的一个特征.

定理 3.2.15　若 P 为环 R 的一个理想, 满足 $P \neq R$ 并且对于任何 $a, b \in R$ 有

$$ab \in P \Rightarrow a \in P \text{ 或 } b \in P, \tag{3.2}$$

则 P 是素的. 反之, 若 P 是素的, 并且 R 是可交换的, 则 P 满足 (3.2) 式.

证明　若 A 和 B 是 R 的理想并且满足 $AB \subseteq P$ 并且 $A \subseteq P$ 不成立, 则存在一个元 $a \in A \backslash P$, 对于每个 $b \in B$,

$$ab \in AB \subseteq P,$$

因此由式 (3.2) 知 $a \in P$ 或 $b \in P$. 因为 $a \notin P$, 则必有 $b \in P$ (对于任何 $b \in B$), 也即 $B \subseteq P$, 从而 P 是素的.

反之, 若 P 是一个理想且 $ab \in P$, 则由定理 3.2.5 有 $(a)(b) \subseteq (ab)$, 因此 $(a)(b) \subseteq P$. 若 P 是素的, 则或者 $(a) \subseteq P$ 或者 $(b) \subseteq P$, 故而 $a \in P$ 或者 $b \in P$.

注意　上面反之部分中 R 是交换的这个条件是必要的. 另外, 定理 3.2.15 中式 (3.2) 可等价地表述为: 当 R 为交换的, P 为素理想, 则 $a \notin P, b \notin P \Rightarrow ab \notin P$.

例 6　(1) 理想 (0) 在任何整环中都是素的, 这是因为

$$ab = 0 \text{ 当且仅当 } a = 0 \text{ 或 } b = 0.$$

(2) 若 p 为素整数, 则在 $\mathbf{Z}$ 中主理想 (p) 是素的. 这是因为

$$ab \in (p) \Rightarrow p|ab \Rightarrow p|a \text{ 或 } p|b \Rightarrow a \in (p) \text{ 或 } b \in (p).$$

定理 3.2.16　设 R 是交换环且 $1 \neq 0$, P 是 R 的理想, 则 P 是素理想当且仅当 R/P 是一个整环.

证明　设 R/P 是整环, $a, b \in R$, $ab \in P$, 由于

$$(a + P)(b + P) = ab + P = P,$$

故 $a + P = P$ 或 $b + P = P$, 即 $a \in P$ 或 $b \in P$, 从而 P 是一个素理想.

反之, 设 P 是素理想, 在 R/P 中假定有 $(a + P)(b + P) = P$, 则

$$ab \in P \Rightarrow a \in P \text{ 或 } b \in P,$$

即 R/P 是一个整环.

例 7　设 F 是一个域, 由于 $F[x]/(x)$ 同构于 F, 而 F 是域, 故 $F[x]/(x)$ 没有真零因子, 所以 (x) 是 $F[x]$ 的素理想.

定义 3.2.17　环 R 的理想 $M \neq R$. 若对于任何理想 T,

$$\text{如果 } M \subseteq T \subseteq R, \text{那么或者 } T = M \text{ 或者 } T = R,$$

则说 M 是 R 的一个极大理想.

例 8　理想 (3) 在整数环 $\mathbf{Z}$ 中为一个极大理想, 但是 (4) 不是极大的, 因为 $(4) \subset (2) \subset \mathbf{Z}$.

定理 3.2.18　设 R 是有 1 的交换环, I 是 R 的理想, 则

$$R/I \text{ 是域当且仅当} I \text{ 是 } R \text{ 的一个极大理想}.$$

证明　第一步证明: 如果 R 除了 (0) 和 R 之外没有其他理想, 那么 R 必是域.

这就是要证 R 的非零元 a 必有逆元, 易知 $aR = Ra$ 是环 R 的一个理想, 由于 R 有单位元 1, 故 $0 \neq a = a1 \in aR$, 即 $aR \neq (0)$, 依假设没有 $aR = R$, 再由于 $1 \in R$, 故有 $b \in R$ 使 $ab = 1$, 即 a 有逆元 b.

第二步证明: $\overline{R} = R/I$ 没有真理想当且仅当 I 是 R 的一个极大理想.

由前面关于环同态定理知道, 在介于 I 和 R 之间的 R 的理想集 $\Sigma = \{R$ 的理想 $J | I \subset J \subset R\}$ 和 $\overline{R}$ 的真理想集 $\overline{\Sigma} = \{\overline{R}$ 的真理想 $\overline{J} | \overline{0} \subset \overline{J} \subset \overline{R}\}$ 之间有一个一一对应 $\psi : \Sigma \to \overline{\Sigma}, J \mapsto \overline{J} = \{\overline{x} = x + I | x \in J\}$.

根据这个事实, 当 Σ 和 $\overline{\Sigma}$ 中有一个是空集时, 另外一个必定是空集, 而这恰是我们所需.

由上可得

推论 3.2.19   设 R 是有 1 的交换环, R 的极大理想必是 R 的素理想.

在无单位元的环中, 极大理想不一定是素理想 (参见习题 23).

例 9   在整数环 $\mathbf{Z}$ 上的一元多项式环 $\mathbf{Z}[x]$ 中, $(2, x)$ 是一个极大理想 (即由 2 和 x 生成的理想), 而 (x) 不是极大理想.

事实上, 令 $\psi(f(x)) = \begin{cases} [0], & 2 \mid f(0), \\ [1], & 2 \nmid f(0), \end{cases}$ 可知,

ψ 是 $\mathbf{Z}[x]$ 到 $\mathbf{Z}_2$ 的满同态, 且

$$\begin{aligned} \mathrm{Ker}\, \psi &= \{f(x) \in \mathbf{Z}[x] \mid \psi(f(x)) = [0]\} \\ &= \{f(x) \in \mathbf{Z}[x] \mid 2 \mid f(0)\} = (2, x). \end{aligned}$$

再由推论 3.2.10 可知 $\mathbf{Z}[x]/(2, x)$ 同构于 $\mathbf{Z}_2$, 而 $\mathbf{Z}_2$ 是域, 于是 $\mathbf{Z}[x]/(2, x)$ 也为域.

考虑定理 3.2.18 可得: $(2, x)$ 是 $\mathbf{Z}[x]$ 的一个极大理想.

然而 $(x) \subset (2, x) \subset \mathbf{Z}[x]$ 导致 (x) 不能为 $\mathbf{Z}[x]$ 的极大理想.

关于环的直和、直积, 可以利用第 1 章的相应内容, 类似于群中讨论, 得到相应的结果, 这里不再赘述, 读者可自行完成.

3.3   交换环的分解

在这一节, 将整数环中的可分性、最大公因子、素数等概念推广到交换环中, 并且研究整环的一些性质, 主要结果是每个域都满足唯一分解性, 还研究整环中的**欧几里得** (Euclid) **环**.

定义 3.3.1   设 R 为一个交换环, 设 $a, b \in R$.

(i) a **整除** b, 记作 $a|b$, 当且仅当存在 $c \in R$ 使得 $b = ac$.

(ii) 当 $a|b$ 时, 称 a 是 b 的**因子**, b 是 a 的**倍元**.

(iii) 若 R 有单位元 1, 则称单位元 1 的因子为 R 的**单位**.

(iv) 若 $b|a$ 且 $a|b$, 则说 b 与 a **相伴**.

(v) 若 $b|a$, 但 b 与 a 不相伴, 且 b 不是单位, 则说 b 是 a 的一个**真因子**.

(vi) 设 d 是 $a, b \in R$ 的公因子, 即 $d|a$ 同时 $d|b$, 若 $\forall c \in R, c|a, c|b \Rightarrow c|d$, 则称 d 是 a 与 b 的**最大公因子**.

(vii) 设 $X \subseteq R, d \in R$, 若

(a) $d|a$ (对于任意的 $a \in X$);

(b) 对于任意的 $a \in X$, 有 $c|a \Rightarrow c|d$,

则称 d 为 X 的最大公因子.

由定义 3.3.1 易推知, 若 a 与 b 的最大公因子存在, 则除相差一个单位因子之外, a 与 b 的最大公因子是唯一确定的.

事实上, 所有关于整除性的讨论, 若用主理想的语言去表述上述基本概念是很方便的.

定理 3.3.2 设 R 是有 1 的交换环, $a, b, u \in R$, 则

(i) $a|b \Leftrightarrow (b) \subseteq (a)$.

(ii) a, b 为相伴元 $\Leftrightarrow (a) = (b)$.

(iii) u 是单位 $\Leftrightarrow u|r$ (对任意 $r \in R$).

(iv) u 是单位 $\Leftrightarrow (u) = R$.

(v) "a 与 b 相伴" 这一关系是 R 上的一个等价关系.

(vi) 若 $a = br, r \in R$ 为单位, 则 a 与 b 相伴. 若 R 是整环, 则反之部分也成立.

证明   (i)$\sim$(v) 易证略. 下面证明 (vi).

首先证明 a 与 b 相伴.

因为 $a = br$ 得到 $b|br = a$, 又因为 r 为单位, 也就是存在 $t \in R$ 使得 $1 = rt$, 再因为 $a = br$, 两边同乘以 t, 则有 $at = (br)t = b(rt) = b1 = b$, 然而 $a|at = b$, 从而得到 a 与 b 相伴.

其次证明反之部分.

因为 a 与 b 相伴, 所以 $b = at, a = bs$. 若 $a = 0$, 则 $b = at$, 这表明 $b = 0$. 而 $0 = 0r$ (r 为任意一个单位). 若 $a \neq 0$, 如果 $t = 0$, 则有 $b = 0$, 进一步地, $a = 0$ 矛盾, 所以 $t \neq 0$, 同样地, $s \neq 0$. 因为 R 不含零因子, 所以 $b \neq 0$, 进而 $a = (at) s = a(ts)$, 又由于 $t, s \neq 0$. 再根据 $a = a(ts)$ 以及 1 的定义有 $1 = ts$, 故有 t 为单位.

定义 3.3.3 令 R 为有 1 的交换环, 若 $c \in R$ 满足

(i) c 是一个非零的、非单位的元;

(ii) $c = ab \Rightarrow a$ 或 b 为单位,

则称 c 是**不可约的**.

称元 $p \in R$ 为**素元**, 若

(iii) p 是一个非零的、非单位的元;

(iv) $p|ab \Rightarrow p|a$ 或 $p|b$.

定理 3.3.4 设 R 是一个整环, S 为 R 的所有真主理想集, $p, c \in R$, 则

(i) p 是素元 $\Leftrightarrow (p)$ 是非零素理想.

(ii) c 是不可约的 $\Leftrightarrow (c)$ 是 S 中的极大元.

(iii) R 中的每个素元都是不可约的.

(iv) 若 R 是主理想整环, 则 p 是素的当且仅当 p 是不可约的.

(v) R 中的每个不可约元的相伴元是不可约的; R 中的每个素元的相伴元是素元.

(vi) R 中的每个不可约元的仅有的因子是它的相伴元与 R 中的单位.

证明 (i) 由定义 3.3.3 和定理 3.2.15 直接可得.

(ii) 若 c 是不可约的, 则 (c) 是 R 的真理想.

如果 $(c) \subset (d)$, 则 $c = dx$. 由于 c 是不可约的, 则 d 是单位 (因此 $(d) = R$), 或者 x 是单位 (因此 $(c) = (d)$), 这样 (c) 为 S 中的极大元.

反之, 若 (c) 是 S 中的极大元, 则 c 是 R 中一个非零的、非单位的元.

如果 $c = ab$, 则 $(c) \subseteq (a)$, 因此 $(c) = (a)$ 或 $(a) = R$.

当 $(a) = R$ 时, 则有 a 是单位.

当 $(c) = (a)$ 时, 则有 $a = cy$, 因此 $c = ab = cyb$.

又由于 R 是整环, 导出 $1 = yb$, 这样 b 是一个单位, 从而 c 是不可约的.

(iii) 若 $p = ab$, 则 $p|a$ 或 $p|b$. 当 $p|a$ 时, 则有 $px = a$, 进一步地, $p = ab = pxb$, 这意味着 $1 = xb$, 从而 b 是一个单位.

(iv) 若 p 是不可约的, 由 (ii), (i) 导出 p 是素的.

(v) 若 c 是不可约的并且 d 是 c 的一个相伴元, 则 $c = du$, 此处 $u \in R$ 为单位.

如果 $d = ab$, 则有 $c = abu$, 因此 a 是一个单位或 bu 是一个单位. 但是若 bu 是一个单位, 必导出 b 也是. 因此 d 是不可约的.

(vi) 若 c 是不可约的, 并且 $a|c$, 则 $(c) \subseteq (a)$, 因此由 (ii) 得, $(c) = (a)$ 或 $(a) = R$, 从而, a 或者为 c 的相伴元或者由定理 3.3.2 为一个单位.

我们知道, 在整环 $\mathbf{Z}$ 中有唯一分解定理, 即 $\mathbf{Z}$ 中任一个元可以分解为有限个不可约元的乘积 ($\mathbf{Z}$ 中的不可约元为素数), 并且这种分解在忽略不可约因子的次序之后是唯一的.

定义 3.3.5 一个整环 R 称作是**唯一分解环**. 如果对于任意 $a \in R$ 都有

(i) 若 a 为 R 中任一非零非单位元, 有 $a = p_1 p_2 \cdots p_n$, 所有 p_i 都是 R 中的不可约元 (分解的存在性).

(ii) 若 $a = p_1 p_2 \cdots p_n = q_1 q_2 \cdots q_m$, 所有 p_i, q_i 都是不可约元, 则必有 $n = m$, 且适当排列后可得: 对任意 i, 有 $(p_i) = (q_i)$(分解的唯一性).

注意 在一般整环中不可约元和素元是两个不同的概念, 但由定理 3.3.4(iii), 以及定义 3.3.5 可以看出, 在唯一分解整环中是一致的.

事实上, 一般的整环未必是唯一分解环. 例如, 整环 $R = \mathbf{Z}[\sqrt{-3}]$ 就不是唯一分解环. 这是因为 R 的单位只有 1 与 -1, 从而 4 是 R 中一个既不是零元也不是单位的元, 而且 $4 = 2 \times 2 = (1+\sqrt{-3})(1-\sqrt{-3})$. 又 $|2|^2 = |1+\sqrt{-3}|^2 = |1-\sqrt{-3}|^2 = 4$, 可是 $2, 1+\sqrt{-3}, 1-\sqrt{-3}$ 都是 R 的不可约元. 再因为 4 有两种本质上不同的不可约元的因子分解, 这意味着 4 不是唯一分解元. 所以 R 不是唯一分解环.

另外, $2|(1+\sqrt{-3})(1-\sqrt{-3})$ 成立, 如果 $2c = 1 + \sqrt{-3}$ 将会导出 $|1+\sqrt{-3}|^2 = |2|^2|c|^2$, 也即 $4 = 4|c|^2$, 这意味着 $|c|^2 = 1$, 即 $c = \pm 1$, 但是这是不可能的事情. 所以 $2 \nmid (1+\sqrt{-3})$, 同理 $2 \nmid (1-\sqrt{-3})$. 故 2 不是 R 的素元.

下面讨论唯一分解整环与主理想整环之间的关系.

引理 3.3.6   设 R 为一个主理想整环, $(a_1) \subset (a_2) \subset \cdots$ 是 R 中的一个理想升链, 则必存在一个正整数 n, 使得对任意 $j \geqslant n$, 有 $(a_j) = (a_n)$.

证明   令 $A = \cup_{i \geqslant 1}(a_i)$. 往证 A 为一个理想.

若 $b, c \in A$, 则 $b \in (a_i)$ 且 $c \in (a_j)$. 或者 $i \geqslant j$ 或者 $i \leqslant j$, 不妨设 $i \geqslant j$. 结果 $(a_j) \subset (a_i)$ 和 $b, c \in (a_i)$. 因为 (a_i) 是一个理想, 导出 $b - c \in (a_i) \subseteq A$.

类似地, 若 $r \in R$, $b \in A$, 则 $b \in (a_i)$, 因此 $rb \in (a_i) \subseteq A$ 并且 $br \in (a_i) \subseteq A$. 从而由定理 3.2.2 知 A 是一个理想.

由 $A \subseteq R$ 的假设可知, A 是一个主理想, 不妨设 $A = (a)$.

由于 $a \in A = \cup_{i \geqslant 1}(a_i)$, 则对于某个 n, $a \in (a_n)$. 所以由定义 3.2.4 得到 $(a) \subseteq (a_n)$, 从而, 对于每个 $j \geqslant n$, 有 $(a) \subseteq (a_n) \subseteq (a_j) \subseteq A = (a)$, 故 $(a_j) = (a_n)$.

定理 3.3.7   每个主理想整环是唯一分解环.

定理 3.3.7 的逆命题不成立, 例如由定义 3.3.5 知道, 多项式环 $\mathbf{Z}[x]$ 是唯一分解环, 但是由于从下面的讨论中可知 $(2, x)$ 不是主理想, 而 $(2, x)$ 是一元多项式环 $\mathbf{Z}[x]$ 中的理想, 所以 $\mathbf{Z}[x]$ 不是主理想整环, 关于 $(2, x)$ 不是主理想的证明如下:

因为 $\mathbf{Z}[x]$ 是有单位元的交换环, 所以

$$(2, x) = \{2f_1(x) + xf_2(x)|f_1(x), f_2(x) \in \mathbf{Z}[x]\}$$
$$= \{2a_0 + xf(x)|a_0 \in \mathbf{Z}, f(x) \in \mathbf{Z}[x]\}.$$

如果 $(2, x)$ 是主理想, 即存在 $q(x) \in \mathbf{Z}[x]$ 满足 $(2, x) = (q(x))$, 这样有 $2 \in (q(x))$, $x \in (q(x))$,

于是

$$2 = q(x)t(x), \quad x = q(x)s(x), \quad (t(x), s(x) \in \mathbf{Z}[x]),$$

然而

$$2 = q(x)t(x) \Rightarrow q(x) \in \mathbf{Z}, \quad \text{即 } q(x) = n \in \mathbf{Z},$$

又因为

$$x = q(x)s(x) = ns(x) \Rightarrow n = \pm 1,$$

这样 $\pm 1 = q(x) \in (2, x)$, 但这与 $\pm 1 \notin (2, x)$ 矛盾.

因此 $(2, x)$ 不是主理想.

下面给出定理 3.3.7 的证明.

第一步, 先考察分解的存在性.

任取 $a \in R$, $a \neq 0$, a 不是单位, 而问 a 是否为不可约元?

若是, 则已得 a 的分解.

若否, 则 $a = a_1 b_1$, 这里 a_1, b_1 是 a 的非平凡因子, 再对 a_1, b_1 问同样的问题, 如此继续下去, 什么时候 a 没有分解式呢? 那就是 a 有非平凡因子 c_1, c_1 有非平凡因子 $c_2, \cdots, c_n$ 有非平凡因子 $c_{n+1}, \cdots$, 并且是无限地分解下去, 这种情况, 用理想的语言描述, 即为存在主理想链 $(a) \subset (c_1) \subset (c_2) \subset \cdots \subset (c_n) \subset \cdots$, 由引理 3.3.6 知, 此链必在有限步停止, 即存在 m 使 $(c_m) = (c_{m+i})(i \in \mathbf{Z}^+)$, 这样就知在 R 中, 每个非单位、非零元都可以表成一些不可约元的乘积.

第二步, 由定理 3.3.4 知, 在 R 中每个不可约元 p 都是素元.

故下面证明分解是唯一的, 即证明 R 的任意两个元都存在最大公因子, 再结合第一步便可得到 R 是唯一分解环.

对于任何 $a, b \in R$, 考虑由 a,b 生成的理想 $(a,b) = \{ar + bs | r, s \in R\}$. 因为 R 是主理想环, 所以存在 $d \in R$, 使 $(a,b) = (d)$, 于是 $a \in (d)$, $b \in (d)$, 从而 $d|a$, $d|b$. 又若 $c|a$, $c|b$, 则 $a \in (c)$, $b \in (c)$, 所以任意 $r, s \in R$, 有 $ar + bs \in (c)$, 即 $(d) \subseteq (c)$, 从而 $c|d$. 由此得到 a,b 的公因子 c 必是 d 的因子, 即得 d 是 a,b 的一个最大公因子, 所以可以得到分解的唯一性.

定义 3.3.8 (i) 称一个整环 R **有欧几里得除式**, 如果:

(a) 有一个映射 $\varphi : \{R$ 的非零元全体 $\} \to \mathbf{Z}^+ \cup \{0\}$.

(b) 任给 R 中元素 $a, b \neq 0$, 则有 q, r 满足 $a = bq + r$, 其中 $r = 0$ 或 $r \neq 0$, 但是 $\varphi(r) < \varphi(b)$.

(ii) 称有欧几里得除式的整环 R 为**欧几里得环**.

例 10 (1) 整数环 $\mathbf{Z}$ 是欧几里得环, 其中 $\varphi(x) = |x|$.

(2) 设 F 为一个域, 令 $\varphi(x) = 1$ $(\forall x \in F, x \neq 0)$, 则 F 是一个欧几里得环.

定理 3.3.9 每个欧几里得环是一个有单位元的主理想整环, 进一步地, 每个欧几里得环是唯一分解环.

证明 设 I 为 R 中的一个非零的理想, 取 $a \in I$ 满足 $\varphi(a)$ 为非负整数集 $\{\varphi(x) | x \neq 0, x \in I\}$ 中的最小整数 (由于 R 为欧几里得环, 所以欧几里得除式为 $\varphi : R \backslash \{0\} \to \mathbf{Z}^+ \cup \{0\}$ 是定义 3.3.8 中的函数).

若 $b \in I$, 则 $b = qa + r$, 此处 $r = 0$ 或 $r \neq 0$, 而 $\varphi(r) < \varphi(a)$. 由于 $b \in I$ 且 $qa \in I$, 所以 r 一定属于 I.

又由于 $\varphi(r) < \varphi(a)$ 与 a 的选取矛盾, 所以必然有 $r = 0$, 因此 $b = qa$, 结果导致 $I \subseteq Ra \subseteq (a) \subseteq I$, 从而 $I = Ra = (a)$, 即 R 为一个主理想环.

由于 R 自身也为一个理想, 并且对于某个 $a \in R$, 有 $R = Ra$, 这将导致

$$a = ea = ae \quad (\text{对于某个 } e \in R).$$

若 $b \in R = Ra$, 则存在某个 $x \in R$ 有 $b = xa$, 从而

$$be = (xa)e = x(ae) = xa = b,$$

因此 e 在 R 中关于乘法为单位元. 再由定理 3.3.7 可得所需.

注意　(1) 定理 3.3.9 的逆命题不成立. 因为存在有主理想整环不是欧几里得环 (参见习题 32).

(2) 欧几里得环类 $\subseteq$ 主理想整环类 $\subseteq$ 唯一分解环类.

再进一步地观察可除性用以结束本节.

定义 3.3.10　设 R 为一个有单位元 1 的交换环, $a, b \in R$. 若 a 与 b 的最大公因子存在且是单位, 则称 a 与 b **互素**. 若 1 是 $a_1, \cdots, a_n$ 的最大公因子 $(a_j \in R)$, 则称 $a_1, \cdots, a_n$ 为互素的.

最大公因子并不总是存在的. 例如, 偶整数环 $2\mathbf{Z}$ 中, 2 根本无因子, 因此 2 和 4 没有最大公因子.

定理 3.3.11　设交换环 R 有单位元, $a_1, \cdots, a_n \in R$.

(i) $d \in R$ 并且存在 $r_i \in R$ 使 $d = r_1 a_1 + \cdots + r_n a_n$, 则 d 是 $\{a_1, \cdots, a_n\}$ 的最大公因子当且仅当 $(d) = (a_1) + (a_2) + \cdots + (a_n)$.

(ii) 若 R 是主理想整环, 则 $a_1, \cdots, a_n$ 的最大公因子存在且每一个是形如 $r_1 a_1 + \cdots + r_n a_n$ $(r_i \in R)$.

(iii) 若 R 为唯一分解环, 则存在 $a_1, \cdots, a_n$ 的最大公因子.

证明　(i) 用最大公因子的定义以及定理 3.2.5.

(ii) 由 (i) 可得.

(iii) 每个 a_i 有一个分解: $a_i = c_1^{m_{i1}} c_2^{m_{i2}} \cdots c_t^{m_{it}}$, 其中 $c_1, \cdots, c_t$ 是不同的不可约元, $m_{i_j} \geqslant 0$, 可以证明 $d = c_1^{k_1} c_2^{k_2} \cdots c_t^{k_t}$ 为 $a_1, \cdots, a_n$ 的一个最大公因子, 此处 $k_i = \min\{m_{1_j}, m_{2_j}, \cdots, m_{r_j}\}$.

注意　定理 3.3.11(i) 并不是说 $a_1, \cdots, a_n$ 的每个最大公因子都可以表成 $a_1, \cdots, a_n$ 的线性组合 (参考习题 36).

3.4　多　项　式

可以很容易地证明: 关于通常的加法和乘法, $\mathbf{Z}$ 为整数环, $\mathbf{Z}[x] = \left\{ \sum\limits_{i=0}^{n} a_i x^i \mid a_i \in \mathbf{Z} \right\}$ 为一个环. 本节将这种思想推广到一般的有单位元的交换环, 这也是由已知环来构

造新环的工作.

定义 3.4.1   设 R' 是一个有单位元 1 的交换环, $1 \in R \subseteq R'$, R 为 R' 的一个子环, $\alpha \in R'$, 则在 R' 中形如 $a_0 + a_1\alpha + a_2\alpha^2 + \cdots + a_n\alpha^n$ $(a_i \in R, n \in \mathbf{N} \cup \{0\})$ 的元素称为 R 上 α 的**一个多项式**, 记作 $f(\alpha)$; α_i 称为 $f(\alpha)$ 的**系数**, $a_i\alpha^i$ 称为 $f(\alpha)$ 的**项**.

用 $R[\alpha]$ 表示全体 R 上 α 的多项式所组成的集合, 由于 $m < n$ 时, $a_0 + \cdots + a_m\alpha^m = a_0 + \cdots + a_m\alpha^m + 0\alpha^{m+1} + \cdots + 0\alpha^n$, 从而可以将有限个多项式的项数看作相同的.

由 R' 的运算性质可知,

$$(a_0 + \cdots + a_n\alpha^n) - (b_0 + \cdots + b_n\alpha^n) = (a_0 - b_0) + \cdots + (a_n - b_n)\alpha^n,$$
$$(a_0 + \cdots + a_m\alpha^m)(b_0 + \cdots + b_n\alpha^n) = c_0 + \cdots + c_{m+n}\alpha^{m+n},$$

其中 $c_k = \displaystyle\sum_{i+j=k} a_i b_j$.

于是两个多项式的差、积仍属于 $R[\alpha]$, 从而 $R[\alpha]$ 是 R' 的子环, 而且它是 R' 中包含 R 与 α 的最小子环, 显然 $\alpha \in R$ 时, $R[\alpha] = R$.

定义 3.4.2 $R[\alpha]$ 称为 R 上 α 的多项式.

下面主要讨论不定元的多项式.

定义 3.4.3   设 R' 是一个有单位元 1 的交换环, $1 \in R$ 且 R 为 R' 的子环, $x \in R'$.

若 $a_0 + a_1 x + a_2 x^2 + \cdots + a_n x^n = 0$ $(a_i \in R, n \in \mathbf{N} \cup \{0\})$, 必有 $a_0 = a_1 = \cdots = a_n = 0$, 则称 x 是 R 上的**不定元**. 称 x 的多项式

$$f(x) = a_0 + a_1 x + a_2 x^2 + \cdots + a_n x^n \quad (a_i \in R, n \in \mathbf{N} \cup \{0\})$$

是一元多项式.

当 $a_n \neq 0$ 时, 称 $a_n x^n$ 是 $f(x)$ 的**首项**; 称 a_n 是 $f(x)$ 的**首项系数**; 称 n 是 $f(x)$ 的**次数**, 记作 $\deg f(x)$; 零多项式 0 没有次数.

定理 3.4.4   设 R 是一个有单位元的交换环, 则必存在 R 上的不定元 x, 从而环 $R[x]$ 必存在, 称 $R[x]$ 为一元多项式环.

证明   用 P 表示下列符号:

$$\{(a_0, a_1, \cdots) \,|\, a_i \in R \, (i = 0, 1, 2, \cdots), \text{其中至多有有限个元素非零}\},$$

规定

$$(a_0, a_1, \cdots) = (b_0, b_1, \cdots) \Leftrightarrow a_i = b_i (i = 0, 1, \cdots);$$
$$(a_0, a_1, \cdots) + (b_0, b_1, \cdots) = (a_0 + b_0, a_1 + b_1, \cdots);$$
$$(a_0, a_1, \cdots) \cdot (b_0, b_1, \cdots) = (a_0 b_0, a_0 b_1 + a_1 b_0, \cdots, \sum_{i=0}^{n} a_i b_{n-i}, \cdots).$$

读者可以验证 $(P, +, \cdot)$ 是一个环, 其中的零元为 $(0, 0, \cdots)$, 单位元是 $(1, 0, \cdots)$.

令 $f: R \to P$ 为 $a \mapsto (a, 0, 0, \cdots)$, 则 $x = (0, 1, 0, \cdots)$, $a = (a, 0, 0, \cdots)$, 这时可以验证在 $(P, +, \cdot)$ 上有

$$x^2 = (0, 0, 1, 0, \cdots), \cdots, x^n = (0, \cdots, 0, 1 \text{ (第 } n+1 \text{ 个位置)}, 0, \cdots).$$

令 $f: R[x] \to P$ 为 $a \mapsto (a, 0, \cdots), x \mapsto (0, 1, 0, \cdots) \quad (\forall a \in R)$. 则在 $(P, +, \cdot)$ 中有

$$f(x^2) = (0, 0, 1, 0, \cdots); \cdots; f(x^n) = (0, \cdots, 0, 1 \text{ (第 } n+1 \text{ 个位置)}, 0, \cdots),$$
$$f(a_0 + a_1 x + \cdots + a_n x^n) = (a_0, a_1, \cdots, a_n, 0, \cdots),$$

这样有

$a_0 + a_1 x + \cdots + a_n x^n = b_0 + b_1 x + \cdots + b_m x^m$ 当且仅当 $n = m$ 并且 $a_i = b_i (i = 0, 1, \cdots, n)$.

另外

$$(a_0 + a_1 x + \cdots + a_n x^n) + (b_0 + b_1 x + \cdots + b_m x^m) = (a_0 + b_0) + (a_1 + b_1)x + \cdots + (a_k + b_k)x^k,$$

其中 $k = \max(n, m)$, 而且 $a_i = 0, i > n, b_j = 0, j > m$.

$$f((a_0 + a_1 x + \cdots + a_n x^n) \cdot (b_0 + b_1 x + \cdots + b_m x^m))$$
$$= a_0 b_0 + (a_0 b_1 + a_1 b_0)x + \cdots + \left(\sum_{i=0}^{n} a_i b_{k-i}\right) x^k + \cdots + a_n b_m x^{n+m}$$
$$= f(a_0 + a_1 x + \cdots + a_n x^n) \cdot f(b_0 + b_1 x + \cdots + b_m x^m),$$

所以 f 为一个环同构, 即在同构定义下 $R[x]$ 为 P, 仍记 P 为 $R[x]$, 并称 x 为不定元.

定理 3.4.4 也告诉了我们在同构意义下 $R[x]$ 的具体构造.

带余除法是多项式理论的基础, 但并不是任何一个一元多项式中都可以施行的. 例如, 在 $\mathbf{Z}[x]$ 中, $f(x) = x^2 - 1$ 除以 $g(x) = 2x + 1$ 不能进行, 因为 $\frac{1}{2}$ 不属于 $\mathbf{Z}$. 下面给出一个在 $R[x]$ 中可施行带余除法的充分条件.

定理 3.4.5 (1) 设 $f(x), g(x) \in R[x]$ 为非零的多项式, 则

$$\deg(f(x) + g(x)) \leqslant \max\{\deg f(x), \deg g(x)\},$$
$$\deg(f(x)g(x)) \leqslant \deg f(x) + \deg g(x);$$

当 $f(x)$ 与 $g(x)$ 的最高次项系数不是零因子时, 有

$$\deg(f(x)g(x)) = \deg f(x) + \deg g(x).$$

(2) 设 $f(x), g(x) \in R[x]$, $g(x) \neq 0$, 若 $g(x)$ 的首项系数为可逆元, 则存在唯一的 $q(x), r(x) \in R[x]$, 使

$$f(x) = g(x)q(x) + r(x),$$

其中 $r(x) = 0$ 或 $\deg r(x) < \deg g(x)$.

证明留给读者完成.

注意 (1) 若 F 为一个域, 对 $F[x]$ 可以进一步地讨论.

对加群 $(F[x], +)$ 再引入数乘运算:

取 $b \in F$, $p(x) = a_0 + a_1 x + \cdots + a_n x^n \in F[x]$, 规定

$$b \cdot p(x) = ba_0 + ba_1 x + \cdots + ba_n x^n.$$

容易验证, 这时加群 $(F[x], +)$ 就成为域 F 上的向量空间, 而 $(F[x], +, \cdot, \text{数乘})$ 就成为 F 上的代数, 有时也称 $F[x]$ 为域 F 上多项式代数.

显然, F 上向量空间 $(F[x], +, \text{数乘})$ 不是有限维的.

(2) 有了 R 上一元多项式环 $R[x]$, 考虑 $R[x]$ 上的一元 y 多项式环 $R[x][y]$, 记为 $R[x, y]$, 即 $R[x, y] = R[x][y]$, 称之为 R 上二元多项式环, 而称 x, y 为 R 上二个无关的不定元. 其中的元素形状为 $\sum a_{ij} x^i y^j$, $a_{ij} \in R$. 这就是 x, y 的多项式, 称 $x^i y^j$ 为单项式, 而 a_{ij} 为其系数. 两个多项式 $f(x, y), g(x, y)$ 相等当且仅当它们有相同的形式.

应用数学归纳法, 可定义 R 上 $n+1$ 元多项式环 $R[x_1, \cdots, x_{n+1}] = R[x_1, \cdots, x_n][x_{n+1}]$, 其中元可以表为

$$\sum_{i_1 \cdots i_n i_{n+1}} a_{i_1 \cdots i_n i_{n+1}} x_1^{i_1} \cdots x_n^{i_n} x_{n+1}^{i_{n+1}} \quad (a_{i_1 \cdots i_n i_{n+1}} \in R \text{ 且至多有限个不为零元}),$$

称 $x_1, \cdots, x_{n+1}$ 为 R 上 $n+1$ 个无关的不定元, m 元多项式的表达式、单项式、两个 m 元多项式的相等, 等等, 完全和二元情形类似.

例 11 域 F 上一元多项式环 $F[x]$ 的每一个理想都是主理想.

事实上, 设 A 为 $F[x]$ 上的一个理想.

当 $A = \{0\}$ 时, 有 $A = (0)$, 即 A 为由 0 生成的主理想.

当 $A \neq \{0\}$ 时, 设 $p(x)$ 为 A 中存在的次数最低的一个多项式, 于是 $p(x)$ 生成的主理想 $(p(x)) \subseteq A$.

对于任何 $f(x) \in A$, 由带余除法必有

$$f(x) = p(x)g(x) + r(x),$$

其中 $r(x) = 0$ 或 $r(x) \neq 0$, 但 $\deg r(x) < \deg p(x)$.

由于 $f(x) \in A$, $p(x) \in (p(x)) \subseteq A$, 所以 $r(x) \in A$.

再由 $p(x)$ 为 A 中次数最低的假设知 $r(x) = 0$, 这样 $f(x)(p(x))$ 导致 $A \subseteq (p(x))$, 故 $A = (p(x))$.

域上多元多项式环是重要的一类环, 读者可参看其他有关书籍中的相关内容.

3.5　扩　　域

域的研究方法是从给定的域出发, 进行扩张.

定义 3.5.1　若域 K 为域 F 的子域, 则称 F 为 K 的扩域.

若 F 为 K 的扩域, 易知 $1_K = 1_F$, 进一步地可以将 F 自然地解释为域 K 上的一个向量空间, $(F, +)$ 是一个加群而数乘运算 $a \cdot \alpha$ $(a \in K, \alpha \in F)$ 就用 F 中的乘法.

直接验证可得 K-向量空间的一切要求都是满足的, K-向量空间 F 的维数用 $[F : K]$ 表示, 根据 $[F : K]$ 是有限或无限, 分别称 F 为**有限扩域**或**无限扩域**.

定理 3.5.2　令 F 为域 E 的一个扩域, E 为域 K 的一个扩域, 则 $[F : K] = [F : E][E : K]$, 进一步地, $[F : K]$ 是有限的, 当且仅当 $[F : E]$ 和 $[E : K]$ 都是有限的.

证明　先设 F 关于 E, E 关于 K 都是有限扩域.

设 $f_1, \cdots, f_n$ 是 E-向量空间 F 的一个基, $e_1, \cdots, e_m$ 是 K-向量空间 E 的一个基. 今证 $e_i f_j, 1 \leqslant i \leqslant m, 1 \leqslant j \leqslant n$ 是 K-向量空间 F 的一个基.

由于若有 $a_{ij} \in K$ 使 $\sum_{i,j} a_{ij} e_i f_j = 0$, 则由 $\sum_j \left(\sum_i a_{ij} e_i \right) f_j = 0, \sum_i a_{ij} e_i \in E$ 以及 $\{f_j\}$ 是 E-线性无关的, 得到对所有 j, $\sum_i a_{ij} e_i = 0, a_{ij} \in K$.

注意到 $\{e_i\}$ 是 K 线性无关的, 由上式便得到对任意 i, j, 有 $a_{ij} = 0$, 从而就证明 $\{e_i f_j\}$ 是 K 向量空间 F 的一个基, 并且

$$[F : K] = mn = [F : E][E : K].$$

如果 $[E:K] = \infty$ 或 $[F:E] = \infty$, 则在 F 中存在任意多个在 K 上线性无关的元素, 因此 $[F:K] = \infty$, 所以此时 $[F:K] = [F:E][E:K]$ 也成立.

若 $K \subseteq E \subseteq F$, 则也称域 E 为 K 和 F 的**中间域**. 称 K, F 为 K 和 F 的**平凡中间域**.

设 F 是 K 的一个扩域, $S \subseteq F$, 用 $K(S)$ 表示 F 的含 $K \cup S$ 的最小子域, 称为将 S 添加 S 到 K 的中间域.

令

$$K[S] = \left\{ \sum k_\alpha s_1^{n_1} \cdots s_m^{n_m} | \forall s_i \in S, m \in \mathbf{Z}^+ \cup \{0\} \right\},$$

这里 $\alpha = (n_1, \cdots, n_m) \in \mathbf{Z}^{+m}$ ($\mathbf{Z}^{+m} = \mathbf{Z}^+ \times \mathbf{Z}^+ \times \cdots \times \mathbf{Z}^+$, m 个 $\mathbf{Z}^+$ 的直积), $k_\alpha \in K$, 直接验证可知 $K(S)$ 是 F 的子环, 显然 $K[S] \subseteq K(S)$. 设 $T = \{uv^{-1} | u, v \in K[S], v \neq 0\}$. 易知 $T \subseteq K(S)$. 另一方面知 T 是子域, $K \subseteq T$, $S \subseteq T$, 所以 $K(S) \subseteq T$. 故得 $K(S) = T$. 并且 $K[S] \subseteq K(S)$, 所以

$$K(S) = \left\{ \frac{f(s_1, \cdots, s_n)}{g(s_1, \cdots, s_n)} \middle| n \geqslant 0; f, g \in K[s_1, \cdots, s_n], s_1, \cdots, s_n \in S, g(s_1, \cdots, s_n) \neq 0 \right\}.$$

定理 3.5.3 F 为 K 的一个扩域, $S_1, S_2 \subseteq F$, 则有

$$K(S_1)(S_2) = K(S_1 \cup S_2).$$

证明 由 $K, S_1, S_2 \subseteq F$ 易知, $K, S_1, S_2 \subseteq K(S_1)(S_2)$. 另一方面, $K(S_1 \cup S_2)$ 是包含 K, $S_1 \cup S_2$ 的最小子域, 故有 $K(S_1 \cup S_2) \subseteq K(S_1)(S_2)$, 而 $K(S_1)(S_2) \subseteq K(S_1 \cup S_2)$ 是易得的.

所以 $K(S_1)(S_2) \subseteq K(S_1 \cup S_2)$. 故 $K(S_1)(S_2) = K(S_1 \cup S_2)$.

利用生成元集, 可以对扩域作如下的分类.

当 S 为有限时, $K(S)$ 为 K 的**有限生成扩域**, 否则为**无限生成扩域**.

当 $S = \{a\}$ 为一个元素时, 称 $K(a)$ 为 K 的**单扩域**.

研究扩域 F 的结构, 考虑 F 中元素相对于 K 的性质是有意义的, 如复数域对于有理数域 $\mathbf{Q}$ 的一种分类. 下面将研究域的扩张中被分成两类基本的不同状态的情形.

定义 3.5.4 设 F 为域 K 的一个扩域.

(i) 称 $u \in F$ 为 K 上**代数元**, 如果有非零多项式 $f(x) \in K[x]$, 使 $f(u) = 0$, 即存在自然数 n, 使得 $1, u, u^2, \cdots, u^n$ 是 K-线性相关的.

(ii) 若 u 不是任何非零多项式 $f(x) \in K[x]$ 的根, 则称 u 是 K 上**超越元**.

(iii) 如果 $F \backslash K$ 中的元都是 K 上代数元, 那么称 F 为 K 的**代数扩域**. 如果 $F \backslash K$ 中存在 K 的超越元, 那么称 F 为 K 的**超越扩域**.

例 12 (1) $u \in K$, 则 u 是 $x - u \in K[x]$ 的根, 所以 $u \in K$ 是 K 上的代数元.

(2) π, e 都是有理数域 $\mathbf{Q}$ 上的超越元.

(3) 域 F 中的元素都是 F 上的代数元.

(4) 复数域 $\mathbf{C}$ 中每个数都是实数域 $\mathbf{R}$ 上的代数元, 这是因为任意复数 $a + bi\ (a, b \in \mathbf{R})$ 都是 $x^2 - 2ax + a^2 + b^2$ 的根, 由此可见, $\mathbf{C}$ 是 $\mathbf{R}$ 的代数扩域.

定理 3.5.5　设 F 是域 K 的一个扩张, $u \in F$ 是 K 上的一个超越元, 则存在同构 $K(u) \cong K(x)$, 并且此同构保持 K 上的元不变, 即 $\varphi(k) = k\ (\forall k \in K)$.

证明　由于 u 是超越元, 则对于任何非零 $f, g \in K[x]$, 都有 $f(u) \neq 0, g(u) \neq 0$, 结果导致映射

$$\varphi : K(x) \to F \text{ 定义为 } f/g \mapsto f(u)/g(u) = f(u)g(u)^{-1}$$

是域上的一个单射, 并且此定义是有意义的. 显然 $\varphi(k) = k(\forall k \in K)$, 但是 $\operatorname{Im} \varphi = K(u)$, 因此 $K(u) \cong K(x)$.

定义 3.5.6　令 F 为域 K 的一个代数扩域, $u \in F$ 为 K 上的一个代数元, 称 u 所满足的 $K[x]$ 中次数最小的多项式 $f(x)$ 为 u 在 K 上的极小多项式, 还称 $f(x)$ 的次数为代数元 u 的 F-次数.

事实上, 代数元 u 的次数为 $\deg f = [K(u) : K]$.

假设 E 是域 K 上的一个扩域, F 是域 L 的一个扩域, $\sigma : K \to L$ 是一个域同构, 研究扩域的一个迫切问题是: 在什么条件下, σ 可以扩张成 E 到 F 上的一个同构. 换句话说, 是否存在一个同构 $\tau : E \to F$ 满足 $\tau|_K = \sigma$? 我们将对单扩域来回答此问题.

回顾一下, 如果 $\sigma : R \to S$ 是环同构, 则映射 $R[x] \to S[x]$ 定义为 $\sum_i r_i x^i \mapsto \sum_i \sigma(r_i) x^i$ 也是一个同构, 显然这个映射是 σ 的扩张仍用 σ 代表这一扩张的映射.

引理 3.5.7　(i) 如果 $F = K(\alpha)$, 而 α 是 K 上的代数元, $p(x)$ 是 α 在 K 上的不可约多项式并且次数最小, 则 $F = K(\alpha) \cong K[x]/(p(x))$, 其中 $K[x]$ 是 K 上一元多项式环.

(ii) 若 $\deg p(x) = n$, 则 $K(\alpha)$ 中每个元可唯一表成 $\sum_{i=0}^{n-1} a_i \alpha^i,\ a_i \in K$ 的形式. 这样的两个多项式 $f(\alpha)$ 与 $g(\alpha)$ 相加, 只需将相应的系数相加; $f(\alpha)$ 与 $g(\alpha)$ 的乘积等于 $r(\alpha)$, 这里 $r(x)$ 是 $p(x)$ 除 $f(x)g(x)$ 所得的余式, 特别地, $1, \alpha, \cdots, \alpha^{n-1}$ 是 $K(\alpha)$ 作为 K-空间的基, 因而有 $[K(\alpha) : K] = n$.

(iii) 对任意给定域 K 和任意给定的不可约多项式 $p(x)$, 总存在单扩域 $F = K(\alpha), \alpha$ 是 K 上的代数元, 且 $p(x)$ 是 α 的 K-极小多项式.

(iv) 如果 $F = K(\alpha)$, 而 α 是域 K 上的超越元, 则 $F = K(\alpha) \cong K(x)$.

(v) 对于任意域 K, 总存在单扩域 $F = K(\alpha), \alpha$ 是域 K 上的超越元.

证明 (i) 考虑映射 $\eta: K[x] \to K(\alpha)$ 定义为 $f(x) \mapsto f(\alpha)$, 易知这是个满同态, η 在 K 上为恒等同构, 并且 $\mathrm{Ker}\,\eta = (p(x))$, 只是因为 $f(\alpha) = 0 \Leftrightarrow p(x) | f(x)$. 这样 η 导出下面的同构仍记为 η,

$$\eta: K[x]/(p(x)) \cong \mathrm{Im}\,\eta \subseteq K(\alpha).$$

由于 $K[x]/(p(x))$ 是域, 所以 $\mathrm{Im}\,\eta$ 为域. 另一方面, $\alpha = \eta(x) \in \mathrm{Im}\,\eta$, $k = \eta k \subseteq \mathrm{Im}\,\eta$, 表明 $\mathrm{Im}\,\eta$ 为包含 $K \cup \alpha$ 的子域, 但 $K(\alpha)$ 是有此性质的最小域, 所以 $K(\alpha) \subseteq \mathrm{Im}\,\eta$, 从而 $\mathrm{Im}\,\eta = K(\alpha)$.

(ii) 因 $\alpha \in K(\alpha)$, 故系数属于 K 的 α 的多项式 $\sum_{i=0}^{n-1} a_i \alpha^i$ 属于 $K(\alpha)$, 用 $K[\theta]$ 表示所有这些多项式, 即 K 中包含 θ 以及 K 的最小子环. 作不定元 x 的多项式环 $K[x]$ 到 F 的映射 $\eta: \sum a_i x^i \mapsto \sum a_i \alpha^i$, 易见 η 是 $K[x]$ 到 $K(\alpha)$ 的环同态, 由同态基本定理有 $K(\alpha) \cong K[x]/\mathrm{Ker}\,\eta$.

由已知 α 是 K 上代数元, α 的最小多项式成为 $p(x) \Rightarrow \mathrm{Ker}\,\eta = (p(x))$. 又 α 是极小多项式 $p(x)$ 在 $K[x]$ 中不可约的, 故 $K[x]/(p(x))$ 是一个域, 从而 $K[\alpha]$ 是一个域, 即 $K[\alpha] = K(\alpha)$. 设 $p(x)$ 为 n 次多项式, 则 $K[x]/(p(x))$ 中元素均可取次数小于等于 $n-1$ 的多项式作代表, 其运算按多项式的运算并对 $p(x)$ 取余式, 故 $K(\alpha)$ 中每一元均可表为次数小于等于 $n-1$ 的 α 的多项式, 其加法按多项式加法计算, 乘法则按多项式相乘, 然后对 $p(x)$ 取余式即可.

(iii) 取 $\overline{F} = K[x]/(p(x))$, 则 $\overline{F}$ 是一个域, 且含有子域 $\overline{K} = \{\overline{a} | a \in K\}$ 与 K 同构, 由于 K 与 $\overline{F} \backslash \overline{K}$ 没有共同元素, 可知 $\overline{F}$ 中的 $\overline{K}$ 可用 F 来代替, 得出 K 的扩域 F 与 $\overline{F}$ 同构, 易见, $\overline{x} \in F$ 且 $p(\overline{x}) = 0$. 总起来 F 是把 $\alpha = \overline{x}$ 添加到 K 而得到的扩域, 其中 $p(x)$ 是 α 的极小多项式.

(iv) 和 (v) 用类似于 (i)~(iii) 的思想即可.

定理 3.5.8 设 $F = K(S)$, 其中 $S = \{\alpha_1, \cdots, \alpha_t\}$ 且 α_j 是 K 上的次数为 n_j 的代数元, 则有 $[K(S):K] \leqslant n_1 \cdots n_t$.

证明 对 t 用数学归纳法. $t = 1$ 时显然.

仅需对 $t = 2$ 的情况考察, $K(\alpha_1, \alpha_2) = K(\alpha_1)(\alpha_2)$ 的情况.

设 $p(x)$ 是 α_2 的 K-极小多项式. 由 $p(x) \in K(\alpha_1)[x]$, $p(\alpha_2) = 0$ 知 α_2 是 $K(\alpha_1)$ 上的代数元且

$$\alpha_2 \text{ 的 } K(\alpha_1)\text{-次数} \leqslant \alpha_2 \text{ 的 } K\text{-次数} = n_2,$$

从而 $[K(\alpha_1, \alpha_2):K] = [K(\alpha_1)(\alpha_2):K(\alpha_1)][K(\alpha_1):K] \leqslant n_1 n_2$.

定理 3.5.9 设 K 是一个域, $f(x)$ 是 $K[x]$ 中次数 $\geqslant 1$ 的多项式, 则存在 K 的扩域 E, 使 $f(x)$ 的全部根都在 E 中.

证明　对 $f(x)$ 的次数 n 施行数学归纳法.

当 $n = 1$ 时, 命题成立, 取 $E = K$ 即可.

假定 $f(x)$ 在 $K[x]$ 中可约, 则 $f(x) = f_1(x)f_2(x)$, 其中 $f_j(x)$ 的次数 $< n$ $(j = 1, 2)$.

故由归纳假设, 存在 K 的扩域 E_1 使得 $f_1(x)$ 的所有根 $\alpha_1, \cdots, \alpha_{n_1} \in E_1$, 可将 $f_2(x)$ 视为 $K(\alpha_1, \cdots, \alpha_{n_1})$ 上的多项式, 则其次数 $< n$, 故存在 $K(\alpha_1, \cdots, \alpha_{n_1})$ 的扩域 E, 含有 $f_2(x)$ 的所有根.

若 $f(x)$ 在 $K[x]$ 中不可约. 由于利用引理 3.5.7 的 (iii) 得到, 存在 K 的扩域 F, 含有 $f(x)$ 的一个根 α, 于是在 $F[x]$ 中, $f(x) = (x - \alpha)g(x)$, 再利用归纳假设, 由于 $g(x)$ 的次数为 $n - 1$, 因此存在 F 的扩域 E, 含有 $g(x)$ 的所有根, 从而 E 也含有 $f(x)$ 的所有根.

通常将含有 $f(x)$ 的所有根的最小域叫做 $f(x)$ 的分裂域, 即

定义 3.5.10　设 $f(x) \in K[x]$, K 的扩域 E 说是 $f(x)$ 的**分裂域**, 如果 E 含有 $f(x)$ 的所有根, 而 E 的任一真子域均不含 $f(x)$ 的所有根.

定义 3.5.11　域 K 说是一个**代数闭域**, 若 K 没有真代数扩域.

例如, 复数域 $\mathbf{C}$ 是代数闭域. 事实上, 设 K 是 $\mathbf{C}$ 的一个代数扩域, $\alpha \in K$, α 适合 $\mathbf{C}$ 上一个不可约多项式, 但 $\mathbf{C}$ 中不可约多项式仅有一次的, 故 $\alpha \in \mathbf{C} \Rightarrow K = \mathbf{C}$.

定理 3.5.12　设 K 是任意域, 则存在 K 的扩域 F, F 是代数闭域.

有兴趣的读者可以参考吴品三 (1984) 的文献第 195 至 196 页或其他参考书得到证明, 此处略.

*3.6　模　糊　环

前面已经介绍了经典子环、商环和理想等基本理论, 本节主要研究模糊环、模糊理想等相关内容.

定义 3.6.1　设 $(G, +, \cdot)$ 是一个环, $\underset{\sim}{A} \in \mathfrak{F}(G)$, 若 $\underset{\sim}{A} \neq \varnothing$, 且满足

(i) $\forall x, y \in G, \quad \underset{\sim}{A}(x + y) \geqslant \underset{\sim}{A}(x) \wedge \underset{\sim}{A}(y)$;

(ii) $\forall x \in G, \quad \underset{\sim}{A}(-x) \geqslant \underset{\sim}{A}(x)$;

(iii) $\forall x, y \in G, \quad \underset{\sim}{A}(xy) \geqslant \underset{\sim}{A}(x) \wedge \underset{\sim}{A}(y)$;

则称 $\underset{\sim}{A}$ 为 G 的**模糊子环**(fuzzy subring).

定理 3.6.2　设 G 是一个环, $\underset{\sim}{A} \in \mathfrak{F}(G)$, 则 $\underset{\sim}{A}$ 为 G 的模糊子环 $\Leftrightarrow \forall x, y \in G$, 有

(i) $\underset{\sim}{A}(x - y) \geqslant \underset{\sim}{A}(x) \wedge \underset{\sim}{A}(y)$;

(ii) $\underset{\sim}{A}(xy) \geqslant \underset{\sim}{A}(x) \wedge \underset{\sim}{A}(y)$.

证明　此定理的结论可由定理 2.8.4 直接可得.

注 3.6.3 类似于定义 2.8.17, 设 $(G, +, \cdot)$ 为一个环, 则可在 $\mathfrak{F}(G)$ 上定义二元运算 "+" 和乘法 "·", 即 $\forall \underset{\sim}{A}, \underset{\sim}{B} \in \mathfrak{F}(G), \forall z \in G$,

$$(\underset{\sim}{A} + \underset{\sim}{B})(z) = \underset{x+y=z}{\vee}(\underset{\sim}{A}(x) \wedge \underset{\sim}{B}(y)), (\underset{\sim}{A} \cdot \underset{\sim}{B})(z) = \underset{xy=z}{\vee}(\underset{\sim}{A}(x) \wedge \underset{\sim}{B}(y)).$$

这里分别称 $\underset{\sim}{A} + \underset{\sim}{B}, \underset{\sim}{A} \cdot \underset{\sim}{B}$ (简记为 $\underset{\sim}{A}\underset{\sim}{B}$) 为 $\underset{\sim}{A}$ 和 $\underset{\sim}{B}$ 的和与积.

注 3.6.4 类似于定义 2.8.20, 设 $(G, +, \cdot)$ 为一个环, $\underset{\sim}{A} \in \mathfrak{F}(G)$, 若 $\forall z \in G$, 有

$$-\underset{\sim}{A}(z) = \underset{\sim}{A}(-z),$$

此时称 $-\underset{\sim}{A}$ 为 $\underset{\sim}{A}$ 的负元.

定理 3.6.5 设 G 是一个环, $\underset{\sim}{A} \in \mathfrak{F}(G)$, 则 $\underset{\sim}{A}$ 为 G 的模糊子环的充分必要条件是 $\underset{\sim}{A} + \underset{\sim}{A} \subseteq \underset{\sim}{A}, \underset{\sim}{A} \subseteq -\underset{\sim}{A}, \underset{\sim}{A}\underset{\sim}{A} \subseteq \underset{\sim}{A}$.

证明 证明类似于定理 2.8.18 与定理 2.8.19.

注意 由定理 2.8.19 可知, 若 $\underset{\sim}{A}$ 为 G 的模糊子环, 则 $\underset{\sim}{A} + \underset{\sim}{A} = \underset{\sim}{A}$.

定理 3.6.6 设 G 是一个环, $\underset{\sim}{A} \in \mathfrak{F}(G)$, 则 $\underset{\sim}{A}$ 为 G 的模糊子环的充分必要条件是 $\underset{\sim}{A} - \underset{\sim}{A} \subseteq \underset{\sim}{A}, \underset{\sim}{A}\underset{\sim}{A} \subseteq \underset{\sim}{A}$.

证明 读者自行证明.

定理 3.6.7 设 G 是一个环, $\underset{\sim}{A} \in \mathfrak{F}(G)$, $\underset{\sim}{A} \neq \varnothing$, 则 $\underset{\sim}{A}$ 为 G 的模糊子环 $\Leftrightarrow \forall \lambda \in [0, 1], A_\lambda$ 是 G 的一个子环.

证明 该定理的证明类似于定理 2.8.5.

定义 3.6.8 设 G 是一个环, $\underset{\sim}{I}$ 为 G 的模糊子环, 若 $\forall x, y \in G$,

$$\underset{\sim}{I}(xy) \geqslant \underset{\sim}{I}(y) \quad (\underset{\sim}{I}(yx) \geqslant \underset{\sim}{I}(y)),$$

则称 $\underset{\sim}{I}$ 为 G 的**模糊左理想** (**模糊右理想**). 若 $\underset{\sim}{I}$ 既为 G 的模糊左理想, 也为模糊右理想, 则称 $\underset{\sim}{I}$ 为 G 的**模糊理想** (fuzzy ideal).

注 3.6.9 设 G 是一个环, $\underset{\sim}{I}$ 为 G 的模糊子环, 若 $\forall x, y \in G$,

$$\underset{\sim}{I}(xy) \geqslant \underset{\sim}{I}(x) \vee \underset{\sim}{I}(y),$$

则称 $\underset{\sim}{I}$ 为 G 的模糊理想.

定义 3.6.10 设 G 是一个环, $\underset{\sim}{A} \in \mathfrak{F}(G)$, 定义运算为

$$x\underset{\sim}{A}(xy) = \underset{\sim}{A}(y), \quad \underset{\sim}{A}x(yx) = \underset{\sim}{A}(y).$$

定理 3.6.11 设 G 是一个环, $\underset{\sim}{I}$ 为 G 的模糊子环, 则 $\underset{\sim}{I}$ 为 G 的模糊理想 $\Leftrightarrow \forall x \in G, x\underset{\sim}{I} \subseteq \underset{\sim}{I}, \underset{\sim}{I}x \subseteq \underset{\sim}{I}$.

证明　**必要性**　根据定义 3.6.8 和定义 3.6.10 可知, $\forall x, y \in G$,

$$\underline{I}(xy) \geqslant \underline{I}(y) = (x\underline{I})(xy), \quad \underline{I}(yx) \geqslant \underline{I}(y) = (\underline{I}x)(yx),$$

即 $x\underline{I} \subseteq \underline{I}$, $\underline{I}x \subseteq \underline{I}$.

充分性　根据定义 3.6.8 和定义 3.6.10 可知, $\forall x, y \in G$,

$$\underline{I}(xy) \geqslant (x\underline{I})(xy) = \underline{I}(y), \quad \underline{I}(yx) \geqslant (\underline{I}x)(yx) = \underline{I}(y),$$

故 $\underline{I}$ 为 G 的模糊理想.

定理 3.6.12　设 G 是一个环, $\underline{I} \in \mathfrak{F}(G)$, $\underline{I} \neq \varnothing$, 则 $\underline{I}$ 为 G 的模糊理想 $\Leftrightarrow \forall x, y \in G$,

(i) $\underline{I}(x - y) \geqslant \underline{I}(x) \wedge \underline{I}(y)$;

(ii) $\underline{I}(xy) \geqslant \underline{I}(x) \vee \underline{I}(y)$.

证明　读者自行证明.

定理 3.6.13　设 G 是一个环, $\underline{I} \in \mathfrak{F}(G)$, $\underline{I} \neq \varnothing$, 则 $\underline{I}$ 为 G 的模糊理想 $\Leftrightarrow$

(i) $\underline{I} - \underline{I} \subseteq \underline{I}$;

(ii) $\forall x \in G$, $x\underline{I} \subseteq \underline{I}$, $\underline{I}x \subseteq \underline{I}$.

证明　该定理的证明可由定理 3.6.6 和定理 3.6.11 可得.

定理 3.6.14　设 G 是一个环, $\underline{I} \in \mathfrak{F}(G)$, $\underline{I} \neq \varnothing$, 则 $\underline{I}$ 为 G 的模糊理想 $\Leftrightarrow \forall \lambda \in [0, 1]$, I_λ 是 G 的一个理想.

证明　根据已知条件和定理 3.6.7 可知, $\underline{I}$ 为 G 的模糊子环 $\Leftrightarrow \forall \lambda \in [0, 1]$, I_λ 是 G 的一个子环.

必要性　设 $\underline{I}$ 为 G 的模糊理想, 则 $\forall x \in G$, $\lambda \in [0, 1]$, $y \in I_\lambda$, 有

$$\underline{I}(xy) \geqslant \underline{I}(y) \geqslant \lambda, \quad \underline{I}(yx) \geqslant \underline{I}(y) \geqslant \lambda,$$

即 $xy \in I_\lambda$, $yx \in I_\lambda$. 故 $\forall \lambda \in [0, 1]$, I_λ 是 G 的一个理想.

充分性　$\forall \lambda \in [0, 1]$, I_λ 是 G 的一个理想, 即 $\forall x \in G$, $\forall y \in I_\lambda$, 有 $xy \in I_\lambda$, $yx \in I_\lambda$. 假设 $\underline{I}$ 不为 G 的模糊理想, 则存在 $x_0, y_0 \in G$, 使得

$$\underline{I}(x_0 y_0) < \underline{I}(y_0), \quad \underline{I}(y_0 x_0) < \underline{I}(y_0).$$

令 $\lambda_0 = \dfrac{1}{2}(\underline{I}(x_0 y_0) + \underline{I}(y_0))$, 则

$$\underline{I}(y_0) > \lambda_0, \quad \underline{I}(x_0 y_0) < \lambda_0.$$

即 $x_0 y_0 \notin I_{\lambda_0}$, 而 $y_0 \in I_{\lambda_0}$. 这与 I_{λ_0} 是 G 的一个理想矛盾. 故 $\forall x, y \in G$,

$$\underline{I}(xy) \geqslant \underline{I}(y), \quad \underline{I}(yx) \geqslant \underline{I}(y),$$

即 $\underset{\sim}{I}$ 为 G 的模糊理想.

定义 3.6.15 设 G 是一个交换环 (即此环满足交换律), $\underset{\sim}{I}$ 为 G 的模糊理想, 若 $\forall x, y \in G$,

$$\underset{\sim}{I}(xy) = \underset{\sim}{I}(y) \quad \text{或} \quad \underset{\sim}{I}(xy) = \underset{\sim}{I}(x),$$

则称 $\underset{\sim}{I}$ 为 G 的**模糊素理想**.

定理 3.6.16 设 G 是一个交换环, $\underset{\sim}{I}$ 为 G 的模糊理想, 则 $\underset{\sim}{I}$ 为 G 的模糊素理想 $\Leftrightarrow \forall \lambda \in [0,1], I_\lambda(I_\lambda \neq \varnothing)$ 是 G 的一个素理想.

证明 必要性 由于 $\underset{\sim}{I}$ 为 G 的模糊素理想, 则 $\forall x, y \in G$,

$$\underset{\sim}{I}(xy) = \underset{\sim}{I}(y) \quad \text{或} \quad \underset{\sim}{I}(xy) = \underset{\sim}{I}(x).$$

又因 $\underset{\sim}{I}$ 为 G 的模糊理想, 则 $\forall \lambda \in [0,1], I_\lambda(I_\lambda \neq \varnothing)$ 是 G 的一个理想. 若 $xy \in I_\lambda$, 则 $\underset{\sim}{I}(xy) \geqslant \lambda$, 从而

$$\underset{\sim}{I}(x) \geqslant \lambda \quad \text{或} \quad \underset{\sim}{I}(y) \geqslant \lambda,$$

即 $x \in I_\lambda$ 或 $y \in I_\lambda$. 因此 $\forall \lambda \in [0,1], I_\lambda$ 是 G 的一个素理想.

充分性 (反证法) 假设 $\underset{\sim}{I}$ 不为 G 的模糊素理想, 则存在 $x_0, y_0 \in G$, 使得

$$\underset{\sim}{I}(x_0 y_0) > \underset{\sim}{I}(x_0), \quad \underset{\sim}{I}(x_0 y_0) > \underset{\sim}{I}(y_0).$$

取 $\lambda_0 = \underset{\sim}{I}(x_0 y_0)$, 则 $x_0 y_0 \in I_{\lambda_0}$, 而 $x_0, y_0 \notin I_{\lambda_0}$, 这与 I_{λ_0} 是素理想相矛盾, 故 $\underset{\sim}{I}$ 为 G 的模糊素理想.

定义 3.6.17 设 G 是一个环, $\underset{\sim}{I}$ 为 G 的模糊子环, $\underset{\sim}{B}$ 是 $\underset{\sim}{I}$ 的模糊理想. 若 $\text{Supp}\underset{\sim}{B}$ 是 $\text{Supp}\underset{\sim}{I}$ 的极大理想, 则称 $\underset{\sim}{B}$ 是 $\underset{\sim}{I}$ 的**模糊极大理想**.

习 题 3

1. (1) 令 G 为一个交换群, 在 G 中定义一个乘法运算为 $ab = 0$ (对于任何 $a, b \in G$), 则 G 是一个环.

(2) 令 U 为一个集合, S 为 U 的所有子集族, 对于 $A, B \in S$, 定义 $A + B = (A \backslash B) \cup (B \backslash A), AB = A \cap B$. 则 S 为一个环. 问 S 是否为交换的? 是否有单位元?

2. 设 p 是素数, 证明剩余类环 $\mathbf{Z}_p$ 为域.

3. 设 R 为整环.

(1) 若 $\text{char } R = 0$, 则 R 含有有理数域 $\mathbf{Q}$ 为其子域.

(2) 若 $\text{char } R$ 为素数, 则 R 含有限域 $\mathbf{Z}_p$ 为其子域.

4. 令 R 为一个环, $|R| > 1$, 并且对于 $a \in R \backslash \{0\}$ 存在唯一一个 $b \in R$ 使得 $aba = a$, 证明

(1) R 无零因子.

(2) $bab = b$.

(3) R 有单位元.

(4) R 为一个除环.

5. 设 R 是环, 证明: 如果 R 有左零因子, 则存在 R 中非零元 x, 使得 x 既是左零因子又是右零因子.

6. 设 R 是一个环, 则

(1) R 无左 (右) 零因子当且仅当在 R 中乘法左、右消去律成立.

(2) 乘法左消去律与右消去律等价.

7. 设 k, n 为整数, $0 \leqslant k \leqslant n$, $\begin{pmatrix} n \\ k \end{pmatrix} = \dfrac{n!}{(n-k)!k!}$, $0! = 1$, 并且 $n > 0$ 有

$n! = n(n-1)\cdots 1$. 证明若 p 为素数, $1 \leqslant k \leqslant p^n - 1$, 则 $\begin{pmatrix} p^n \\ k \end{pmatrix}$ 可以被 p 整除.

8. 设 R 为一个特征为素数 p 的有单位元的交换环. 证明

(1) 若 $a,b \in R$, 则 $(a \pm b)^{p^n} = a^{p^n} \pm b^{p^n}$ (n 为整数且 $n \geqslant 0$).

(提示: 参见定理 3.1.5 和上面习题 7; 此外注意, 若 $p = 2$, 则 $b = -b$).

(2) $f : R \to R, a \mapsto a^p$ 是环同态.

9. 当 R 为整环, 则

(1) 加群 $(R, +)$ 中所有非零元有相同的阶, 或者是 ∞, 或者是素数 p.

(2) R 或含整数环 $\mathbf{Z}$ 为其子环, 或含有有限域 $\mathbf{Z}_p$ 为其子环.

从而可以有如下定义: 称整环 R 的加群 $(R, +)$ 的非零元素的公共阶为 R 的特征.

从上面的 (1), (2) 可知 R 的特征或为 char $R = 0$, 或者 char $R = p$ (p 为一个素数).

10. 令 R, S 分别是有单位元 1_R 和 1_S 的环.

(1) 举例说明环同态 $f : R \to S$ 可以有 $f(1_R) \neq 1_S$.

(2) 若 f 为满同态, 则 $f(1_R) = 1_S$.

11. 设为 $f : R \to S$ 环同态, R 有单位元, S 无零因子. 若存在 $r \in R \backslash 0$ 使得 $f(r) \neq 0$, 则 $f(1_R)$ 为 S 的单位元.

12. 设 I 是环 R 的一个理想, 求证 $A = \{r \in R|$ 对任意 $x \in R$, 有 $xr \in I\}$ 是 R 的理想并包含 I.

13. 设 I 为 R 的一个左理想, 则 $A(I) = \{r \in R| rx = 0,$ 对任意 $x \in I\}$ 是 R 的一个理想.

14. 设 R 是一个环, R 的非零左理想只有本身, 则 $R^2 = 0$ 或 R 是除环.

15. 设 F 是一个域, 找出 F 的所有理想.

16. 若环 R 满足 $R \neq 0$, 并且只有平凡理想, 则称 R 为**单环**. 证明除环是单环.

17. 证明一个有单位元 1 的环 R 是除环的充要条件是 A 不含真左理想.

18. 设 I, J 是环 R 的理想, 且 $I \subseteq J$, 求证 $(R/I)/(J/I) \cong R/J$.

19. (思考题) 设 D 为一个除环, S 为 D 上的所有 $n \times n$ 矩阵全体. 证明

(1) S 关于矩阵的加法、乘法构成一个环.

(2) S 没有真理想 (即 $\{0\}$ 是一个极大理想).

(3) S 有零因子, 结果导致以下的 (3.1) 和 (3.2) 成立.

(3.1) $S \cong S/\{0\}$ 不是一个除环.

(3.2) $\{0\}$ 是一个素理想, 并且不满足定理 3.2.15 的 (1) 式.

20. 设 $P_1 \supseteq P_2 \supseteq \cdots$ 是交换环 R 的一个素理想降链, 证明 $P = \cap_{i=1}^{\infty} P_i$ 是 R 的素理想.

21. 在整数环 $\mathbf{Z}$ 中, p 是素数, (p^2) 是不是素理想? $(2p)$ 是不是素理想?

22. 设 R 是有单位元的环, A 是 R 的真理想, 证明: 存在 R 的一个极大理想 $M, M \supseteq A$.

23. 证明在偶数环 $2\mathbf{Z}$ 中, 主理想 (4) 是极大理想, 但不是素理想.

24. 命 $A = \mathbf{Q} \times \mathbf{Q}$ 定义 A 的 $+, \times$ 如下:

$$(a,b) + (c,d) = (a+c, b+d),$$
$$(a,b) \times (c,d) = (0, ac),$$

证明: A 是一个没有单位元的交换环, 并且 A 不含极大理想.

(提示: 设 M 为 A 的任一真理想, M_1 表示 M 的第一坐标全体所成集合, 则 $M_1 \neq \mathbf{Q}$, 于是存在 A 的真理想 $B, B \supseteq M$).

25. 设 S 是有单位元 1 且消去律成立的交换环. 设 p 是 S 的素元, $p|a_1 \cdots a_n$, 证明至少存在一个 $i, 1 \leqslant i \leqslant n, p|a_i$.

26. 证明在唯一分解环 R 中, 任意两个元素都有一个最大公因子.

27. 设 R 唯一分解整环, $0 \neq a \in R$, 则 R 仅有有限个含 a 的主理想.

28. 在一个主理想整环中的非零理想是极大的当且仅当它是素的.

29. 一个整环 R 是唯一分解环当且仅当 R 中每个非零素理想必含有一个是素的并且非零的主理想.

30. 域 F 为欧几里得环.

31. R 为唯一分解环, $a, b \in R$ 为互素的, 若 $a|bc$, 则 $a|c$.

32. (思考题) 设 $R = \{a + b(1 + \sqrt{19}\mathrm{i})/2 | a, b \in \mathbf{Z}\}$ (i 为复数单位, 即 i 为 $x^2 + 1 = 0$ 的复数域上的根), 则 R 为复数域的一个子环, R 是一个主理想整环但不是欧几里得环.

33. 设 R 是整环, 证明 R 上的一元多项式环 $R[x]$ 也是整环.

34. 在 $\mathbf{Z}_7[x]$ 中计算 $([3]x^3 + [5]x + [4])([4]x^2 + x - [3])$.

35. 设 F_3 是含 3 个元素的域, 将多项式 $x^9 - x$ 分解成 F_3 上的不可约多项式的乘积.

36. (思考题) 设 F 为一个域, 则在多项式环 $F[x, y]$ 中, x 与 y 是互素的, 但是 $F[x, y] = (1_F) \supset (x) + (y)$. (与定理 3.3.11(i) 相比较一下).

37. 有限次扩域是代数扩域.

38. 设 $[F : K]$ 为素数 p, 则 K, F 之间没有非平凡的中间域.

39. 设域 F 为域 K 的有限次扩域, 且 $[F : K]$ 为素数 p, 设 $\alpha \in F$ 且 $\alpha \notin K$, 则 $F = K(\alpha)$.

40. 设 F 为域 K 的代数扩张, 令 E' 是由 F 中的代数元全体构成的子集, 则

(1) E' 是 K 与 F 间的一个中间域.

(2) 若 F 是代数闭域, 则 E' 也是代数闭域.

(3) $\alpha, \beta \in E'$, 则 $\alpha \pm \beta, \alpha\beta, \alpha\beta^{-1}$ $(\beta \neq 0) \in E'$.

41. 举例: 域 K 的一个有限扩张域 F 其 $[F : K]$ 不是有限的.

(提示: 考虑超越元).

42. 设 F 为 K 的扩域. 若对于 $u \in F$, v 是 $K(u)$ 上的一个代数元, 而 v 是 K 上的超越元, 则 u 是 $K(v)$ 上的代数元.

43. 设 F 为 K 的扩域. 若 F 是 K 上的代数扩域, D 是一个整环满足 $K \subseteq D \subseteq F$, 则 D 是一个域.

*44. (1) 设 G 是一个环, $\underset{\sim}{A}$ 与 $\underset{\sim}{B}$ 为 G 的模糊子环, 试证 $\underset{\sim}{A} \cap \underset{\sim}{B}$ 是 G 的模糊子环;

(2) 设 G 是一个环, $\underset{\sim}{A}$ 与 $\underset{\sim}{B}$ 为 G 的模糊理想, 试证 $\underset{\sim}{A} \cap \underset{\sim}{B}$ 是 G 的模糊理想.

*45. (1) 设 G 是一个环, $\underset{\sim}{A}$ 为 G 的模糊子环, 求证 $\mathrm{Supp}\, \underset{\sim}{A}$ 为 G 的子环;

(2) 设 G 是一个环, $\underset{\sim}{A}$ 为 G 的模糊理想, 求证 $\mathrm{Supp}\, \underset{\sim}{A}$ 为 G 的理想.

*46. 设 G 是一个除环, 0 和 e 分别是 G 的零元和单位元, $\underset{\sim}{I} \in \mathfrak{F}(G)$, $\underset{\sim}{I} \neq \varnothing$. 则 $\underset{\sim}{I}$ 是 G 的模糊理想 $\Leftrightarrow \forall x \in G$, $x \neq 0$, 有

$$\underset{\sim}{I}(x) = \underset{\sim}{I}(e) \leqslant \underset{\sim}{I}(0).$$

第 4 章　格

本节将介绍与第 2, 3 章讨论的不同类型的代数系——格. 它是 20 世纪 30 年代才被引入近世代数中的一个概念, 它不仅在代数本身, 而且在其他学科中, 如形式概念分析等也有应用. 这里只简单地介绍格的一些基本知识, 并简单地介绍与概念格有关的新方法——拟阵方法, 以及一点应用. 另外, 对于模糊格、模糊概念格, 以及模糊概念格的一些拓展内容, 同时加以介绍. 关于格论的发展状况以及一些新进展, 有兴趣读者可参见相应的参考文献.

4.1　偏　序　集

定义 4.1.1　(1) 设 A, B 是任意两个集合, 命 $A \times B = \{(a, b) \mid a \in A, b \in B\}$, 称 $A \times B$ 为集合 A 与集合 B 的**直积**.

(2) $A \times B$ 的子集 R 叫做 A, B 间的一个**二元关系**, 当 $(a, b) \in R$ 时, 称 a 与 b 具有关系 R, 记为 aRb; 当 $(a, b) \notin R$ 时, 称 a 与 b 不具有关系 R, 记为 $a\underline{R}b$.

由于对任意 $a \in A$, $b \in B$, (a, b) 或者在 R 中, 或者不在 R 中. 故 aRb 或 $a\underline{R}b$ 二者有且仅有一种情形成立.

集合 A 上的二元关系有各种不同的类型, 介绍一下定义:

定义 4.1.2　设 R 是集合 A 上的二元关系.

(i) 若对于所有 $a \in A$, 均有 aRa, 则说 R 具有**反身性**(也称自身性、自反性).

(ii) 若对于所有 $a, b \in A$, 当 aRb, 恒有 bRa, 则说 R 具有**对称性.**

(iii) 若对于所有 $a, b, c \in A$, 当 aRb, bRc 时, 恒有 aRc, 则说 R 具有**传递性**.

(iv) 若对于所有 $a, b \in A$, 当 aRb, bRa 时, 恒有 $a = b$, 则说 R 具有**反对称性**.

下面简单介绍有关集合顺序的一些概念.

定义 4.1.3　设 S 是任一集合, 若 S 上的二元关系 $\leqslant$ 适合反身性、反对称性和传递性, 则说 $\leqslant$ 是 S 的一个**偏序关系**, 称 $(S, \leqslant)$ 为**偏序集**.

可以证明, 对于偏序集 $(S, \leqslant)$, 如果定义 $\geqslant$ 为 $x \geqslant y \Leftrightarrow x \leqslant y$, 则 $(S, \geqslant)$ 仍为一个偏序集, 称此偏序集为 $(S, \leqslant)$ 的对偶偏序集, 序 $\geqslant$ 称为原偏序 $\leqslant$ 的**对偶序**.

例 1　(1) $S = \mathbf{Z}$, "$m \leqslant_1 n$" 表示两个整数间的自然顺序关系, 则 $(S, \leqslant_1)$ 是一个偏序集; 若 "$m \leqslant_2 n$" 表示 "存在自然数 k, 使 $m + k = n$", 则 "$\leqslant_2$" 不满足反身

性, 所以 $(S, \leqslant_2)$ 不是偏序集.

(2) $S = \mathbf{Z}$, "$\leqslant$" 表示两个整数间的整除关系, 即 $m \leqslant n \Leftrightarrow m|n$, 则 $(S, \leqslant)$ 是一个偏序集. 但是 S 中任何两个元未必是可以比较的, 例如取 3, 5 这两个整数, 既没有 3|5, 也没有 5|3, 故 3, 5 这两个元素是不可比较的.

由此可见, (1) 只有对于给定的二元关系, 才能谈到一个集合是不是偏序集, 否则就没有意义.

(2) 对于给定的偏序集 $(S, \leqslant)$ 中的任何两个元 a, b, 并不能保证 $a \leqslant b$ 和 $b \leqslant a$ 之一必存在, 很有可能两者都不存在, 这时也说 a, b **不可比较**.

定义 4.1.4　设 T 是偏序集 $(S, \leqslant)$ 的一个子集, 则 S 中的二元关系限制在 T 上, 仍是 T 上的一个二元关系, 故称 $(T, \leqslant)$ 为 $(S, \leqslant)$ 的**子偏序集.** 在偏序集 $(S, \leqslant)$ 中, 若 $x \leqslant y$ 且 $x \neq y$, 则记为 $x < y$. 若 $x < y$, 但没有 $a \in S$, 使 $x < a < y$, 则称 y **覆盖** x, 记为 $x \prec y$.

偏序集 S 的元素 m 叫做 S 的一个**最小 (大) 元**, 如果 $\forall x \in S$: $m \leqslant x (x \leqslant m)$. S 的元素 l 叫做 S 的一个**极小 (大) 元**, 如果 $x \in S$ 有 $x \leqslant l (l \leqslant x)$ 必导出 $x = l$.

由于偏序集的子集仍是偏序集, 故可讨论 S 的子集 T 的最小 (大) 元与极小 (大) 元.

对于有限偏序集 S, 偏序关系可用示图表示, 这是因为

$a \leqslant b \Leftrightarrow$ 存在有限个元素 $x_i \in S(i = 1, \ldots, n)$ 使得 $a = x_0 \prec x_1 \prec x_2 \prec \ldots \prec x_{n-1} \prec x_n = b$.

也就是说, 在 $(S, \leqslant)$ 中, 关系 "$\leqslant$" 一定会由具有覆盖关系的元素对所决定. 如果把 S 中每一个元素都用一个小圆圈在同一个平面上表示出来, 当且仅当 b 覆盖 a 时, 把 b 画在 a 的高处, 并用线段将 a, b 连接起来, 这样得到的图形称为偏序集 S 的示图 (也叫**哈森**(Hasse) **示图**).

在偏序集理论中还常用如下定义.

定义 4.1.5　(1) 设 R 是集合 A 上的关系, 则 R 的**逆关系**记作 R^{-1}, 有 $R^{-1} = \{(x, y) | (y, x) \in R\}$. 偏序关系 $\leqslant$ 的逆关系常记作 $\geqslant$.

(2) 设 $(P, \leqslant)$ 是一个偏序集, 有下列定义.

(2.1) $T \subseteq P$ 满足: $x \in T, y \in P, y \leqslant x \Rightarrow y \in T$, 称 T 为 P 的**理想**(ideal).

(2.2) $S \subseteq P$ 满足: $x \in S, y \in P, x \leqslant y \Rightarrow y \in S$, 称 S 为 P 的**滤子**(filter).

(2.3) $x \in P$ **主理想**记作 $(x]$ 是集合 $(x] = \{y \in P | y \leqslant x\}$.

(2.4) $x \in P$ 的**主滤子**记作 $[x)$, 是集合 $[x) = \{y \in P | x \leqslant y\}$.

例 2　设 $P = \{a, b, c, d, e, f\}$, P 上的偏序如表 4.1.1 所示, 可得其哈森示图如图 4.1.1 所示,

表 4.1.1 一个偏序集

$\leqslant$	a	b	c	d	e	f
a	×					
b		×				
c	×	×	×			
d	×			×		
e		×			×	
f	×	×		×	×	×

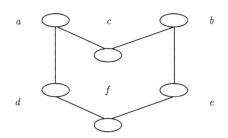

图 4.1.1 一个偏序集的哈森示图

则它的主理想与主滤子如下所示.

$$(a] = \{a, c, d, f\}, \quad [a) = \{a\};$$
$$(b] = \{b, c, e, f\}, \quad [b) = \{b\};$$
$$(c] = \{c\}, \quad [c) = \{a, b, c\};$$
$$(d] = \{d, f\}, \quad [d) = \{a, d\};$$
$$(e] = \{e, f\}, \quad [e) = \{b, e\};$$
$$(f] = \{f\}, \quad [f) = \{a, b, d, e, f\}.$$

定义 4.1.6 (1) 设 $(P, \leqslant)$ 为一个偏序集, $x, y \in P$, 而且 $x \leqslant y$, 则集合 $\{z \in P \mid x \leqslant z \leqslant y\}$ 称为以 x, y 为端点的**区间**, 记为 $[x, y]$.

(2) 设 $(S, \leqslant_1)$, $(T, \leqslant_2)$ 为两个偏序集, φ 是从 S 到 T 的映射, 满足: 对所有 $x, y \in S$,

$$\text{当 } x \leqslant_1 y \text{ 时, 必有 } \varphi(x) \leqslant_2 \varphi(y),$$

则称 φ 是**保序映射**.

若保序映射 φ 还满足:

$$\varphi(x) \leqslant_2 \varphi(y) \Rightarrow x \leqslant_1 y,$$

则称 φ 是**序嵌入**.

若 φ 是序嵌入而且还是双射, 则称 φ 是 $(S, \leqslant_1)$ 与 $(T, \leqslant_2)$ 的**序同构**.

(3) $(S, \leqslant_1)$ 与 $(T, \leqslant_2)$ 的**直积**记作 $(S, \leqslant_1) \times (T, \leqslant_2)$ 是偏序集 $(S \times T, \leqslant)$, 这里

$$(x_1, x_2) \leqslant (y_1, y_2) \Leftrightarrow x_1 \leqslant_1 y_1 \text{ 且 } x_2 \leqslant_2 y_2.$$

(4) $(S, \leqslant_1)$ 与 $(T, \leqslant_2)$ **基本和**记作 $(S, \leqslant_1) + (T, \leqslant_2)$ 是偏序集 $(\dot{S} \cup \dot{T}, \leqslant)$, 此处 $\dot{S} = \{1\} \times S, \dot{T} = \{2\} \times T$, 而

$$(s, x) \leqslant (t, y) \Leftrightarrow s = t \text{ 且 } x \leqslant y.$$

4.2　格的定义及性质

由 4.1 节知道, 一个偏序集的子集未必有最大下界 (g.l.b) 或者最小上界 (l.u.b). 例如, 取 $L = \{u, v, w, x, y\}$, 其示图如图 4.2.1 所示, 则由定义可知, L 是有极大元 u, v, 而无最大元; L 有极小元 x, y, 而无最小元.

若取 L 的示图分别如图 4.2.2 和图 4.2.3 所示, 则可知在这两个偏序关系 L 中任何子集均有最大 (小) 元.

图 4.2.1　一个无最大下界和最小上界的偏序集

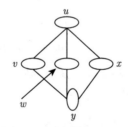

图 4.2.2　任何子集均有最大 (小) 元的偏序集

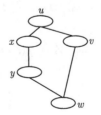

图 4.2.3　有最大 (小) 元的偏序集

定义 4.2.1 设 $(L, \leqslant)$ 是一个偏序集, 如果 L 中任意两个元素 a, b 均有最小上界 (也称上确界) 与最大下界 (也称下确界), 那么则称 $(L, \leqslant)$ 为一个**格**. 记 $a, b \in L$ 的最小上界 l.u.b.$\{a, b\}$ 为 $a \vee b$, 最大下界 g.l.b.$\{a, b\}$ 为 $a \wedge b$.

可以证明, 对于格 $(L, \vee, \wedge)$, 必有偏序集 L 的对偶偏序集也会构成一个格, 称此格为 $(L, \vee, \wedge)$ 的**对偶格**. 其实, $(L, \vee, \wedge)$ 的对偶格中任意两个元的上 (下) 确界为这两个元在原来格中的下 (上) 确界.

由定义 4.2.1 可以看出, 格 L 中 $\vee, \wedge$ 可以视为 L 上的两个二元运算, 这两个二元运算还满足如下性质:

定理 4.2.2 设 $(L, \leqslant)$ 是一个格, 规定 $a \vee b =$ l.u.b$\{a, b\}$, $a \wedge b =$ g.l.b$\{a, b\}$, 则 $\vee, \wedge$ 是 L 的两个二元运算, 且对于 $\forall a, b, c \in L$ 满足:

$$L1 : a \wedge a = a, a \vee a = a \qquad\qquad \text{(幂等律)};$$

$$L2 : a \wedge b = b \wedge a, a \vee b = b \vee a \qquad\qquad \text{(交换律)};$$

$$L3 : (a \wedge b) \wedge c = a \wedge (b \wedge c), (a \vee b) \vee c = a \vee (b \vee c) \qquad \text{(结合律)};$$

$$L4 : a \wedge (a \vee b) = a, a \vee (a \wedge b) = a \qquad\qquad \text{(吸收律)};$$

证明 读者自行验证.

再结合第 1 章, 我们期望格与代数系相联系.

设 $(L, \vee, \wedge)$ 是具有两个二元运算 $\vee, \wedge$ 的代数系, 并且 $\vee, \wedge$ 是适合 L1~L4, 将证明 $(L, \vee, \wedge)$ 是一个格, 并且 $\vee, \wedge$ 恰好为格的两个二元运算.

仅需引入: 对于 $a, b \in L$, 定义 "$\leqslant$" 如下: $a \leqslant b \Leftrightarrow a \wedge b = a$ 且 $a \vee b = b$.

读者可以利用 L1~L4 证明 "$\leqslant$" 为一个偏序关系, 并且关于 $\leqslant$, $(L, \leqslant)$ 为一个格且 $a \wedge b$ 是 $\{a, b\}$ 的最大下界, $a \vee b$ 为 $\{a, b\}$ 的最小上界. 从而得出定义 4.2.1 的另一定义:

定义 4.2.1′ 一个具有两个二元运算 $\vee, \wedge$ 的代数系 $(L, \vee, \wedge)$ 说是一个**格**, 若 $\vee, \wedge$ 适合 L1~L4.

利用第 1 章的知识和定义 4.2.1′, 读者可以自行定义子格、格同态、格同构等定义, 并可讨论其相应的一些性质.

定义 4.2.3 (1) 格 $(L, \vee, \wedge)$ 是一个**分配格**, 若是对于任何 $a, b, c \in L$, 有下面运算律成立

L5: $a \wedge (b \vee c) = (a \wedge b) \vee (a \wedge c)$; $a \vee (b \wedge c) = (a \vee b) \wedge (a \vee c)$.

(2) 称 $(L, \vee, \wedge)$ 是一个**完全分配格**, 若是有下面运算律 (也称完全分配律) 成立, 其中 I_1, I_2 为两个指标集

$$\wedge\{\vee\{a_{t_1, t_2} | t_1 \in I_1\} | t_2 \in I_2\} = \vee\{\wedge\{a_{t_1, \varphi(t_2)} | t_1 \in I_1\} | \varphi : I_1 \to I_2\}$$

与 $\vee\{\wedge\{a_{t_1,t_2}|t_1 \in I_1\}|t_2 \in I_2\}= \wedge\{\vee\{a_{t_1,\varphi(t_2)}\ |t_1 \in I_1\}|\varphi\colon I_1 \to I_2\}$.

在讨论分配格之前, 我们介绍一个偏序集中的一般原理:

对偶原理　设 P 是对任意偏序集都为真的一个命题, P' 是将 P 中所有 "$\leqslant$" 和 "$\geqslant$" 交换位置得到的对偶命题, 则 P' 对任意偏序集也都为真.

这样, 在格中只要证明一个命题, 利用对偶原理马上可以写出其对偶命题, 从而, 要证明 L5 成立, 只需将 L5 中两个分配律之一证明成立即可.

下面讨论分配格的性质.

定理 4.2.4　设 L 是一个分配格, $a, x, y \in L$, 如果 $a \wedge x = a \wedge y$, 且 $a \vee x = a \vee y$, 那么 $x = y$.

证明　$x \overset{\text{L4}}{=} x \vee (x \wedge a) = x \vee (y \wedge a) \overset{\text{L5}}{=} (x \vee y) \wedge (x \vee a) = (x \vee y) \wedge (y \vee a)$
$\overset{\text{L2}}{=} (y \vee x) \wedge (y \vee a) \overset{\text{L5}}{=} y \wedge (x \vee a) = y \wedge (y \vee a) \overset{\text{L4}}{=} y$.

利用定理 4.2.4, 可以方便地判断一个格不是分配格.

定义 4.2.5　称格 $(L, \vee, \wedge)$ 为**模格**, 若对于任意 $a, b, c \in L$, 当 $b \leqslant a$, 则有下面的运算律成立

L6: $a \wedge (b \vee c) = b \vee (a \wedge c)$ (模律).

定理 4.2.6　对任意格 L, 下述条件等价.

(i) L 是模格;

(ii) L 不含五元子格 N_5(图 4.2.4).

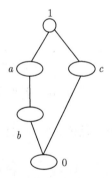

图 4.2.4　非模格 N_5

证明　(i) $\Rightarrow$ (ii) 若 L 含 N_5 为其子格, $b \leqslant a$ 且 $a \wedge c = 0$, 则应有 $a \wedge (b \vee c) = a \wedge 1 = a = b \vee (a \wedge c) = b \vee 0 = b$, 矛盾, 所以 (ii) 成立.

(ii) $\Rightarrow$ (i) 假若 L 不为模格, 则 L6 在 L 中不成立, 即存在 $a, b, c \in L$, 当 $b \leqslant a$ 时, 有

$$a \wedge (b \vee c) \neq b \vee (a \wedge c).$$

由于 $b \leqslant a, b \leqslant b \vee c, a \wedge c \leqslant a, a \wedge c \leqslant b \vee c$, 导出 $b \vee (a \wedge c) \leqslant a \wedge (b \vee c)$,

进一步地, $b \leqslant b \vee (a \wedge c) < a \wedge (b \vee c) \leqslant a$, 即 $b < a$.

当 $a \leqslant c$ (或 $c \leqslant a$ 或 $c \leqslant b$) 时, 可以有 L6 成立, 即当 c 与 a 或 b 可比时, L6 成立, 但是这与假设矛盾.

因此, 必有 c 与 a 以及 c 与 b 均不可比. 这样 $\{a, b, c, a \vee b \vee c, a \wedge b \wedge c\}$ 为 L 的一个 N_5 子格. 与 (ii) 矛盾. 故 L 应为模格.

定理 4.2.7 设 L 为一个格, 则下述条件等价.

(i) L 是分配格.

(ii) L 不含子格同构 M_3, 也不含子格同构于 N_5. (M_3 的示图为图 4.2.5).

证明 由于当 $b \leqslant a$ 时, 有 $a \wedge b = b$, 于是

$$a \wedge (b \vee c) \overset{\text{L5}}{=} (a \wedge b) \wedge (a \wedge c) = b \vee (a \wedge c).$$

换言之, L5 $\Rightarrow$ L6.

利用定理 4.2.4 和定义 4.2.3, 类似定理 4.2.6, 可得证. 留给读者完成.

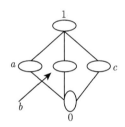

图 4.2.5 模格非分配格 M_3

例 3 设 G 是一个群, 则

(1) G 的所有子群 $L(G)$ 关于集合包含关系做成一个偏序集. 任取 $A, B \in L(G)$, 命 C 为 A, B 生成的子群, 则 C 为 $\{A, B\}$ 在 $L(G)$ 中的最小上界, $A \cap B$ 是 $\{A, B\}$ 最大下界. $L(G)$ 格称为 G 的子群格.

(2) G 的一切正规子群关于集合的包含关系作成的格 $N(G)$ 为模格, 但不一定是分配格; 环 R 的一切左理想 (右理想, 理想) 作成的格是模格.

关于 $L(G)$ 和 $N(G)$ 的性质可以参见相应的参考文献.

在格论中, 还有几个定义和性质需要引荐, 以后会常用的.

定义 4.2.8 设 L 为一个格. 若 L 中的任何子集都有上确界与下确界, 则称 L 是一个**完备格**(也有称完全格)(complete lattice).

显然, 当 L 中包含有限个元素, 这时必有 L 为完备格.

定理 4.2.9 设 L 为完备格, 则

(1) L 中必有最大元素, 称这个元素为单位元 1_L; 而且还一定有最小元素, 称这个元素为零元 0_L.

(2) $\vee\varnothing = 0_L$, $\wedge\varnothing = 1_L$.

证明 (1) 是显然的.

(2) 由于 $\varnothing$ 也是 L 的子集, 因为 L 中的所有元素都是它的上界, 也都是它的下界, 所以 $\varnothing$ 的上确界为 0_L; 同理, $\varnothing$ 的下确界为 1_L.

定义 4.2.10 设 L 为一个格, $L_1 \subseteq L$ 为 L 的子格. 若 L_1 含 L 的最大元素 1_L 及最小元素 0_L, 则称 L_1 为**完全子格**.

定义 4.2.11 设 L 为一个完备格.

(1) $v \in L$, 令 $v_* = \{x \in L \,|\, x < v\}$, $v^* = \{x \in L \,|\, x > v\}$,

当 $v \neq v_*$ 时, 称 v 为**并不可约** (也称上确界不可约, 或 $\vee$-不可约);

当 $v \neq v^*$ 时, 称 v 为**交不可约** (也称下确界不可约, 或 $\wedge$-不可约).

(2) $X \subseteq L$, 如果 L 中每个元素都是 X 中某个子集的上确界, 即

$$\forall l \in L, \text{存在} X \text{的子集} A \text{使得} l = \vee_L A,$$

那么称 X 在 L 中**并–稠密**(也称上确界稠密, 或 $\vee$–稠密);

如果 L 中的每个元素都是 X 中某个子集的下确界, 即

$$\forall l \in L, \text{存在} X \text{的子集} A \text{使得} l = \wedge_L A,$$

那么称 X 在 L 中**交–稠密**(也称下确界稠密, 或 $\wedge$–稠密).

(3) 设 S, L 为两个格.

若 $\varphi: S \to L$ 满足: $\varphi(a \wedge b) = \varphi(a) \wedge \varphi(b)$, 则称 φ 为**保交运算**(也称保下确界映射, 或保–$\wedge$ 映射).

若 $\varphi: S \to L$ 满足: $\varphi(a \vee b) = \varphi(a) \vee \varphi(b)$, 则称 φ 为**保并运算**(也称保上确界映射, 或保–$\vee$ 映射).

显然, 若 φ 是两个完全格之间的保 $\vee$–映射 ($\wedge$–映射) 当且仅当 $\varphi(\vee X) = \vee\varphi(X)(\varphi(\wedge X) = \wedge\varphi(X))$.

定义 4.2.12 (1) 设 S 是一个集合, T 是 S 的一些子集的集合, 即 $T \subseteq S$, 若 T 满足

(i) $S \in T$;

(ii) $P \subseteq T \Rightarrow \cap P \in T$.

则称 T 是一个具有 $\cap$–**性质**的集合 (也称 $\cap$-结构, 闭包系统, **摩尔族**(Moore family)).

(2) 设 S 是一集合, 一个运算 $C: P(S) \to P(S)$ 称为**闭包运算**(也称闭算子), 如果对于所有的 $X, Y \subseteq S, C$ 满足下面 (i)~(iii):

(i) $X \subseteq C(X)$;

(ii) $X \subseteq Y \Rightarrow C(X) \subseteq C(Y)$;

(iii) $C(C(X)) = C(X)$.

S 的子集 A 称为**闭**的 (关于 C), 如果 $C(A) = A$.

定理 4.2.13 (1) 设 X 是任一集合, 若 X 的子集族 Д 具有 $\cap$ 性质, 则 $(Д, \subseteq)$ 是完备格.

(2) 给定集合 X 上的一个闭包算子 C, 则 X 的全体关于 C 的闭集全体构成的集族具有 $\cap$-性质. 反之, 若 X 的子集族 Д 具有 $\cap$-性质, 则 Д 恰是 X 上的某闭包算子的闭集族.

证明 (1) 由 Д 的 $\cap$-性质以及定义 4.2.12 中的 (1) 可知, 关于集合的包含关系, 任何一族 $F_i \in Д (i \in I)$ 都有它们的最大下界 $\wedge_{i \in I} F_i = \cap_{i \in I} F_i \in Д$, 而它们的最小上界 $\vee_{i \in I} F_i$ 为包含 $\cup_{i \in I} F_i$ 的 Д 中的元的交, 即 $\vee_{i \in I} F_i = \cap_{j \in J} Y_j$, 其中 $\cup_{i \in I} F_i \subseteq Y_j \in Д \ (j \in J)$.

所以 $(Д, \subseteq)$ 是完备格.

(2) 令 D 为任意一族闭集 $Y_i, i \in I$ 的集合的交 $\cap_{i \in I} Y_i$.

由于 C 为一个闭包算子, 所以从定义 4.2.12 中 (2) 的 (ii) 和 (iii) 有 $C(D) \subseteq C(Y_i) = Y_i (i \in I)$, 从而 $C(D) \subseteq D$.

再因为定义 4.2.12 中 (2) 的 (i) 有: $D \subseteq C(D)$ 是显然的.

所以 D 关于 C 是闭的.

然而, X 为关于 C 是闭的可由定义 4.2.12 中的 (2) 的 (i) 直接得到, 故 X 的全体闭集族具有 $\cap$-性质.

反之, 设 Д 是一个具有 $\cap$-性质的 X 的子集族.

令 $C(Y)$ 为包含 $Y \subseteq X$ 的 Д 中的元的交.

由于 $C(Y) \subseteq X, Y \subseteq X, X \in Д$ 和 Д 具有 $\cap$-性质, 所以 $C(Y)$ 的定义是有意义的, 并且 $C(Y) = \cap_{Y \subseteq F_i \in Д, i \in I} F_i$.

与此同时, 有 $Y \subseteq C(Y)$.

Д 具有 $\cap$-性质导出 $C(Y) \in Д$, 所以得到 $C(C(Y)) = C(Y)$.

令 $Y \subseteq Z \subseteq X$, 则由 C 的定义立刻知 $C(Y) \subseteq C(Z)$.

故有 C 为一个闭包算子, 同时 $\{C(Y) \mid Y \subseteq X\} \subseteq Д$.

任取 $A \in Д$, 则由于 $A \subseteq X$ 必有 $C(A)$ 存在, 再由 $C(A)$ 的定义得 $A = C(A)$.

综知, $Д = \{C(Y) \mid Y \subseteq X\}$.

由此定理, 可以构造许多完备格, 如, 关于集合的包含关系, 群 G 的子群 $L(G)$ 集为一个完备格; 一个环的理想集也是完备格.

历史上最早出现的格是布尔 (Boole) 研究命题演算时发现的, 通常称之为布尔格或布尔代数, 它也是目前应用广泛的一类格.

在给出布尔格定义之前, 首先给出如下定义.

定义 4.2.14　设 L 是一个有零元和单位元 (即最大元)1 的格, $a,b \in L$, 若 $a \wedge b = 0$, $a \vee b = 1$, 则称 b 是 a 的补. 若 a 有唯一的补, 则用 a' 表示这个补.

定理 4.2.15　在一个分配格 L 中, 任取 $x \in L$, 若其存在补元, 则补元唯一.

证明　设 y_1, y_2 都是 x 的补, 则

$$y_1 = y_1 \wedge 1 = y_1 \wedge (y_2 \vee x) = (y_1 \wedge y_2) \vee (y_1 \wedge x) = y_1 \wedge y_2,$$

因此 $y_1 \leqslant y_2$, 同理可得 $y_2 \leqslant y_1$.

注意　(1) 在非分配格中, 一个元素的补元可能不唯一, 读者可对 M_3 或 N_5 中验证此结论.

(2) 一个格中元素可以没有补元, 如在一个有限链 $0 \prec x_1 \prec x_2 \prec \cdots \prec x_n = 1$ 中, 仅有的互补元素为 0 和 1.

定义 4.2.16　设 S 是一个有 0 和 1 的分配格.

(1) 若 $\forall x \in S$, 都有补元 $x' \in S$, 则称 S 为**布尔格**.

当将 S 作为代数结构讨论时, 也称布尔格 S 为**布尔代数**.

(2) 如果 S 的子格 L 满足: L 中每一个元 $x \in L$ 在 L 中有补元 x', 即 $x' \in L$, 那么称 L 为**布尔子格**.

显然由定义 4.2.16 知, 布尔子格一定是布尔格; 反之, 若子格 L 本身是布尔格, $L \subseteq S$, 则 L 不一定是 S 的布尔子格. 例如, 取布尔格 S 的区间 $[a,b]$, 显然 $[a,b]$ $(0 \neq a \leqslant b \neq 1)$ 是布尔格, $(c' \wedge b) \vee a$ 为 c 在 $[a,b]$ 中的 (相对) 补, 但 $[a,b]$ 不是 S 的布尔子格.

定理 4.2.17　在布尔代数中, 补 $'$ 有如下性质.

(1) $0' = 1$, $1' = 0$.

(2) $\forall x \in L : (x')' = x$.

(3) $\forall x, y \in L : (x \wedge y)' = x' \vee y'$, $(x \vee y)' = x' \wedge y'$.

证明　只证 (3), 其余留给读者完成.

由分配律、交换律和结合律可得

$$(x \wedge y) \wedge (x' \vee y') = ((x \wedge y) \wedge x') \vee ((x \wedge y) \wedge y')$$
$$= ((x \wedge x') \wedge y) \vee (x \wedge (y \wedge y')) = (0 \wedge y) \vee (x \wedge 0) = 0.$$

同理可证得 $(x \wedge y) \vee (x' \vee y') = 1$.

所以 $(x \wedge y)' = x' \vee y'$.

类似可证 $(x \vee y)' = x' \wedge y'$.

从下面定理可以看到, 有 0, 1 的分配格含一个 "最大" 的布尔子格.

定理 4.2.18　设 L 是有最小元 0 和最大元 1 的分配格, 则 L 的全体有补元构成 L 的一个子格, 因而是 L 的最大布尔子格.

证明 由于 L 为分配格, 所以由定理 4.2.15 知, 若 $x \in L$ 在 L 中存在补元, 则补元必唯一, 故可令

$$X = \{x \in L | x 在 L 中存在补元 x'\}.$$

任取 $x, y \in X$, 则 $x', y' \in X$.
类似定理 4.2.17 的证明可以证得

$$x \wedge y, x \vee y 在 L 中分别有补元 x' \vee y' 及 x' \wedge y',$$

所以 $x \wedge y, x \vee y \in X$.

故而 X 为 L 的子格.

又由于 $0' = 1$, $1' = 0$, 所以 $0, 1 \in X$.

再由 X 对补运算封闭, 故此, X 为 L 的 "最大" 布尔子格.

例 4 (1) 设 X 为一个非空集合, 定义

$$F(X) = \{Y \subseteq X \quad | \quad |Y| < \infty 或 |X \backslash Y| < \infty\},$$

则 $(F(X), \subseteq)$ 为一个布尔格.

(2) 拓扑空间 (X, τ) 中所有即开又闭的子集族是布尔格, 这个布尔代数还为一个无限布尔代数.

(3) 设 $n \geqslant 1$, 格 $\{0,1\}^n$ 同构于 $P(\{1, 2, \cdots, n\})$, 因后者是布尔格, 故 $\{0,1\}^n$ 是布尔格, 且

$$0 = (0, 0, \cdots, 0), 1 = (1, 1, \cdots, 1),$$

$$(\varepsilon_1, \varepsilon_2, \cdots, \varepsilon_n)' = (\eta_1, \eta_2, \cdots, \eta_n).$$

这里, $\eta_i = 0 \Leftrightarrow \varepsilon_i = 1$.

最简单的非平凡的布尔格是 $\{0, 1\}$, 它在逻辑和计算机科学中有广泛的应用.

复习一下第 1 章中有关两个代数之间同态和同构的定义, 读者不难看出, 两个布尔代数 $B = (0, 1, \wedge, \vee, ')$, $C = (0, 1, \wedge, \vee, ')$ 之间 f 为**布尔同态**当且仅当 f 为格同态且保持 $0, 1$ 和 "$'$" 运算, 即

$$f(0) = 0, f(1) = 1, f(x') = (f(x))'.$$

可以证明下面的定理.

定理 4.2.19 设 B, C 为两个布尔代数, $f : B \to C$.

(1) f 是格同态, 则下面条件等价.

(i) $f(0) = 0$ 且 $f(1) = 1$.

(ii) $\forall a \in B$, $f(a') = (f(a))'$.

(2) 如果 f 保持 $'$ 运算, 则 f 保持 $\vee$ 运算当且仅当 f 保持 $\wedge$ 运算.

证明　只证 (2), 其余留给读者完成.

设 f 保持 $'$ 和 $\vee$, 任取 $x, y \in B$, 则

$$f(x \wedge y) = f((x' \vee y')') = (f(x' \vee y'))' = (f(x') \vee f(y'))' = ((f(x))' \vee (f(y))')' = f(x) \wedge f(y).$$

对偶地, 可证明其逆.

设 A 是含有 n 个元的集合, 通过上面的讨论得到 $(\wp(A), \subseteq)$ 是一个布尔代数且含有 2^n 个元的布尔代数. 当 L 是任意有限布尔代数时, 利用环论的较多知识可以证明: L 与 $(\wp(A), \subseteq)$ 的某个子代数同构, 也就是说, $(\wp(A), \subseteq)$ 穷尽了所有有限布尔代数. 另外, 还可以得到, 布尔代数与有单位元的布尔环实际上是同一代数系 (参见习题 14).

4.3　概　念　格

概念格是由德国威尔 (Wille) 在 20 世纪 80 年代首次提出的, 是数据分析的有力工具, 目前在数据挖掘、人工智能、知识识别、软件工程、信息检索和机器学习等方面, 都有着成功的应用. 格论在形式背景理论中的成功应用产生了概念格, 本节将简单介绍概念格的基本知识, 有兴趣的读者可参见相关文献.

由哲学理论知道, 一个概念由它的外延和内涵确定, 外延有所有属于概念的对象组成, 而内涵则是对象所共有属性的总和. 传统哲学关于概念的回答给我们提供了形式上定义它的依据. 表 4.3.1 中介绍的信息给出的是生物学的一个实例. 对象是部分动物, 而属性是关于猎食、飞行、鸟类、哺乳 4 个指标性质, 第 i 个对象具有第 j 种属性在表中的 ij 位置用 $\times$ 表示, 这个关系的概念由序对 (A, B) 组成, 这里 A(外延) 是 5 种动物的子集, B(内涵) 是 4 种性质的子集. 要求概念有它的外延和内涵确定意味着 B 恰好包含那些 A 中动物所具有的性质, 类似地, A 中动物恰恰具有 B 中的所有性质.

表 4.3.1　生物学实例

动物	特征			
	猎食	飞行	鸟类	哺乳
狮子	$\times$			$\times$
麻雀		$\times$	$\times$	
鹰	$\times$	$\times$	$\times$	
蝙蝠		$\times$		$\times$
鸵鸟			$\times$	

找出概念的简单过程如下:

取一个对象, 比如说, 麻雀, 令 B 是它具有的属性的集合, 此时, $B =\{$飞行, 鸟类$\}$, 然后, 令 A 是具有 B 中所有属性的动物的集合, 此时, $A =\{$麻雀, 鹰$\}$, 则 (A,B) 是一个概念.

一般地, 从对象的集合开始, 借助于类似的过程, 也可得到概念.

概念的内涵与外延之间是有一定关系的, 对于具有从属性关系的那些概念, 概念的内涵越大, 则其外延越小, 内涵越小, 则其外延就越大.

现在抽象出前面例子的本质, 建立数学模型, 其理论会有广泛的应用, 对格论本身而言也是有用的.

定义 4.3.1　(1) 设 O 是对象的集合, P 是属性的集合, I 是 O 与 P 间的关系, 即 $I \subseteq O \times P$, 称三元组 (O,P,I) 为一个**形式背景**(formal context), O 和 P 的元素相应地被称为**对象和属性**, 用 $(a,m) \in I$(或写作 aIm) 表示 "对象 a 具有属性 m".

(2) 对于 $A \subseteq O$ 及 $B \subseteq P$ 定义

$$g(A) = \{m \in P \mid \forall a \in A,\ aIm\},$$

$$f(B) = \{t \in O \mid \forall m \in B,\ tIm\},$$

如果 A,B 满足 $g(A) = B$, $f(B) = A$, 则称二元组 (A,B) 是一个**概念**, A 是概念 (A,B) 的外延, B 是概念 (A,B) 的内涵, 用 $\beta\,(O,P,I)$ 表示背景 (O,P,I) 所有概念的集合.

(3) 对于 $\beta\,(O,P,I)$ 中的概念 (A,B) 与 (C,D), 如果 $A \subseteq C$(等价于 $B \supseteq D$), 记为 $(A,B) \leqslant (C,D)$, 并称 (A,B) 是 (C,D) 的**子概念**, 或称 (C,D) 是 (A,B) 的**父概念**(也称母概念).

注意　(1) 通常也有将 $g(A)$ 写为 A', 而将 $f(B)$ 写 B', 即一个符号 $'$ 对应两个定义的运算, 本节采用此符号.

(2) 对于有限形式背景, 即 $|O|$, $|P|$ 均为有限, 这时形式背景 (O,P,I) 可以用一个矩形表来表示, 它的每一行是一个对象, 每一列是一个属性, 若 a 行 m 列的交叉处是 $\times$, 则表示对象 a 具有属性 m.

(3) O 的子集 A 是某个概念的外延当且仅当 $A' = B$, 此时, 以 A 为外延的唯一概念是 (A, A'), 当然, 相应的论述可用于: P 的某些子集 B 是某概念的内涵.

定理 4.3.2　设 (O,P,I) 为一个形式背景, 令 $A, A_j \subseteq O, B, B_j \subseteq P(j \in J)$, 则

(1) $A \subseteq A''$;　　　　　　　　　　(1') $B \subseteq B''$;

(2) $A_1 \subseteq A_2 \Rightarrow A_1' \supseteq A_2'$;　　　　(2') $B_1 \subseteq B_2 \Rightarrow B_1' \supseteq B_2'$;

(3) $A' = A'''$;　　　　　　　　　　(3') $B' = B'''$;

(4) $(\cup_{j\in J}A_j)' = \cap_{j\in J}A_j'$; 　　　　　　　(4′) $(\cup_{j\in J}B_j)' = \cap_{j\in J}B_j'$.

证明　易证, 略.

可以证明定义 4.3.1 中给出的概念间的父子关系为一个偏序关系, 即 (O,P,I) 关于父子关系为一个偏序集.

下面形式背景基本定理将说明 $(\beta\,(O,P,I), \leqslant)$ 还为一个完备格.

定理 4.3.3　设 (O,P,I) 是一个形式背景, 则 $(\beta\,(O,P,I), \leqslant)$ 是完备格, 其中上确界和下确界分别由下式给出

$$\vee_{j\in J}(A_j, B_j) = ((\cup_{j\in J}A_j)'', \cap_{j\in J}B_j),$$
$$\wedge_{j\in J}(A_j, B_j) = (\cap_{j\in J}A_j, (\cup_{j\in J}B_j)''),$$

反之, 如果 L 是完备格, 则 L 同构于 $\beta(O,P,I)$ 当且仅当存在映射 $\gamma\colon O \to L$ 及 $\mu\colon P \to L$ 满足 $\gamma(O)$ 在 L 中并–稠密, $\mu(P)$ 在 L 中交–稠密, 并且 $\forall a \in O, m \in P$, aIm 等价于 $\gamma(a) \leqslant \mu(m)$, 特别地, 对任何完备格 L, L 同构于 $\beta\,(L, L, \leqslant)$.

证明　由于此处只是关于概念格理论的介绍, 所以关于此定理的详细证明可以参见相应的参考文献.

将 $(\beta\,(O,P,I), \leqslant)$ 称为形式背景 (O,P,I) 的**概念格**仍记为 $\beta\,(O,P,I)$.

给定一个 (O,P,I), 映射 $A \to A''$ 定义了对象集 O 上的闭包算子; 类似地, $B \to B''$ 产生属性集 P 上的闭包算子, 相应地有

$$\beta_O := \{A \subseteq O | A = A''\},$$
$$\beta_P := \{B \subseteq P | B = B''\}$$

形成完备格, 其中的序由包含关系确定.

$(A,B) \to A$ 给出了 $\beta\,(O,P,I)$ 和 β_O 之间的序同构, 而 $(A,B) \to B$ 给出了 $\beta\,(O,P,I)$ 和 β_P 的对偶格之间的序同构.

通常, 更多地用 $\beta\,(O,P,I)$, 因为希望对每个概念的外延和内涵有直观的认识.

回顾生物学实例问题, 在表 4.3.1 中给出动物与属性关系的概念格之哈森示图如图 4.3.1 所示, 注意, 通常要先将对应的实际形式背景, 建立它的数学模型, 表 4.3.1 的数学模型所对应的形式背景为表 4.3.2, 其中 $O = \{1, 2, 3, 4, 5\}$ 分别代表 5 种动物: 狮子、麻雀、鹰、蝙蝠、鸵鸟的集合, $P = \{a, b, c, d\}$ 分别代表 4 种特征: 猎食、飞行、鸟类、哺乳的集合, I 描述了 O 中元素拥有的 P 中的属性值集, 图 4.3.1 就是它的哈森示图.

概念格提供了一种关于形式背景的基本分析, 它导出了对象的详尽的分类, 及同属性之间的包含关系. 为了使一个关系的概念格成为实用, 必须确定哪一对 (A,B) 是关系的概念, 然后, 描述概念格的结构.

关于概念格的构造方法已证实是一个 NP 问题, 但是对于不同的问题还是有许多好方法, 国内外都有许多研究成果, 并且还在有许多新成果不断地涌现, 它们也是对格论的补充和发展.

表 4.3.2　与表 4.3.1 对应的形式背景

O	P			
	a	b	c	d
1	1	0	0	1
2	0	1	1	0
3	1	1	1	0
4	0	1	0	1
5	0	0	1	0

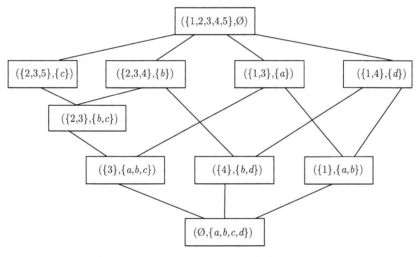

图 4.3.1　与表 4.3.2 对应的概念格哈森示图

4.4　拟阵在概念格中的应用

由于这里只是简单介绍**拟阵**(matroid) 在概念格研究中的一些结果, 所以有些证明过程略掉, 作者可以参见相关的一些文献得到详细的证明.

我们注意到概念格理论发展有如下状况. ①一个形式背景所有概念的格结构对概念格理论的发展十分重要, 此结构最早是由甘特 (Ganter) 和威尔用纯粹格论的方法得到, 这个结构又使得格论成为概念格研究的重要手段. ②概念格理论之所以得以迅猛发展, 其主要原因之一是其研究手段经常地更新, 不断地有新方法的加入. 目前, 计算机技术和人工智能的发展更要求概念格理论的研究有新思维、新理念的注入.

拟阵是由美国惠特尼 (Whitney) 于 20 世纪 30 年代首次提出的, 是离散数学的一个重要分支. 图论、横贯理论、组合设计、格论等方面的许多问题能够用拟阵理论统一起来, 并给出新的证明方法. 拟阵理论同线性代数和几何学有着密切的关系, 伴随着人工智能、网络理论的发展, 拟阵理论得到了迅速发展, 已成为当今数学学科中一门新兴学科.

拟阵与几何格之间有着密切的对应关系, 因此, 根据拟阵与格的关系, 以及格与概念格的关系, 有必要也有可能找到拟阵与概念格的关系, 为拟阵成为概念格研究的工具奠定基础.

为此, 首先给出与拟阵有关的定义.

定义 4.4.1　　(1) 设 E 是有限元素的集合, $\|$ 是 E 子集族, 它满足下列条件:

(i1) $\varnothing \in \|$;

(i2) 若 $X \in \|$ 且 $Y \subseteq X$, 则 $Y \in \|$;

(i3) 若 $X, Y \in \|$ 且 $|X| < |Y|$, 则存在 $y \in Y \backslash X$ 使 $X \cup \{y\} \in \|$.

则称 $(E, \|)$ 为一**拟阵**, 记为 $M(E, \|)$, 在不引起混淆的条件下, 简记为 M.

$\|$ 中的元称为拟阵的**独立集**(independent set), $(\|, \subseteq)$ 中的极大元称为 M 的**基**(base). 不是独立集的 E 的子集称为 M 的**相关集**(dependent set), 极小相关集称为 M 的**圈**(circuit).

拟阵的**秩函数**(rank function) 是一个函数 ρ: $2^E \to \mathbf{Z}^+$, 使对任意的 $A \subseteq E$ 有 $\rho(A) = \max\{|X| | X \subseteq A, X \in \|\}$. $\rho(E)$ 称为拟阵 M 的秩, 通常记为 $\rho(M) = \rho(E)$.

若对 $x \in E$ 和 $A \subseteq E$ 有 $\rho(A \cup \{x\}) = \rho(A)$, 则说 x 与 A 相关, 并记为 $x \sim A$. 拟阵的**闭包算子**(closure operator) 是一个函数 σ: $2^E \to 2^E$ 使 $\sigma(A) = \{x \mid x \sim A, x \in E\}$.

若 $\{x\} \subseteq E$ 是 M 的相关集, 则称 $x \in E$ 是拟阵的**环**(loop). 若 $x, y \in E$ 均不是 M 的环, 但 $\{x, y\}$ 是一个相关集, 则称 x, y 是 M 的**平行元素**(parallel element), 简称为 M 的平行元, 也说 x 平行于 y.

没有环和平行元的拟阵称为**简单拟阵**(simple matroid).

(2) 设 $M_1 = M(E_1, \|_1)$ 和 $M_2 = M(E_2, \|_2)$ 是两个拟阵. 若存在双射 f: $E_1 \to E_2$, 使

$$X \subseteq E_1, X \in \|_1 \text{当且仅当} f(X) \subseteq E_2, f(X) \in \|_2,$$

则说拟阵 M_1 和 M_2 是**同构的**.

引理 4.4.2 (1) (圈公理) 有限集 E 的非空子集族 $\mathcal{K}$ 是 E 上的拟阵 M 的圈集当且仅当 c1 和 c2 成立.

c1. 若 $C_1, C_2 \in \mathcal{K}$ 且 $C_1 \neq C_2$, 则 $C_1 \not\subseteq C_2$.

c2. 若 $C_1, C_2 \in \mathcal{K}$, $C_1 \neq C_2$ 且 $z \in C_1 \cap C_2$, 则存在 $C_3 \in \mathcal{K}$, 使 $C_3 \subseteq (C_1 \cup C_2) \backslash \{z\}$.

(2) (闭包公理) 设 E 是有限集. 一个算子 σ: $\wp(E) \to \wp(E)$ 是 E 上某拟阵的闭包算子当且仅当对任意的 $X, Y \subseteq E$ 和 $x, y \in E$, 下面的条件成立.

S1. $X \subseteq \sigma(X)$.

S2. 若 $Y \subseteq X$, 则 $\sigma(Y) \subseteq \sigma(X)$.

S3. $\sigma(X) = \sigma(\sigma(X))$.

S4. 若 $y \notin \sigma(X)$, $y \in \sigma(X \cup \{x\})$, 则 $x \in \sigma(X \cup \{y\})$.

(3) M 是关于 E 的拟阵且 $A \subseteq E$, 则有 A 是 M 的一个闭集 $\Leftrightarrow \sigma(A) = A \Leftrightarrow x \in E \backslash A$ 必有 x 不与 A 相关.

其次, 为了讨论拟阵与格之间的关系, 下面将给出与格有关的一些定义和性质.

定义 4.4.3 设 $(P, \leqslant)$ 为一个偏序集, 并且拥有一个最小元 0, 则有下面的定义.

(1) 若 $a \in P$ 满足 a 覆盖 0, 则称 a 为一个**原子**(atom).

(2) 对于 $x_i \in P(i = 0, 1, \cdots, k)$, $\{x_0, x_1, \ldots, x_k\}$ 是 P 中的一个链当且仅当 $x_0 < x_1 < \cdots < x_k$, 称此链的**长**为 k.

(3) 对于 $x \in P$, 称满足 $0 = x_0 < x_1 < \cdots < x_k = x$ 的所有链长的最小上界为 x 的**高**$h(x)$.

定义 4.4.4 设 L 为一个有限格, 若对于任意 $x, y \in L$ 均有

$$\text{当} x, y \text{覆盖} x \wedge y, \text{则必有} x \vee y \text{覆盖} x \text{和} y,$$

这时称 L 为**半模的**.

如果 L 是半模的, 并且每个非零元都是原子的并, 那么称 L 为**几何格**(geometric lattice).

引理 4.4.5 格 L 是半模的当且仅当 L 中任何两个元 a, b 之间的所有极大链有相同的长, 并且对于任何 $x, y \in L$, 有 $h(x) + h(y) \geqslant h(x \wedge y) + h(x \vee y)$.

引理 4.4.6 (1) 设 M 是 E 上的一个拟阵, σ 为 M 的闭包算子, $\boldsymbol{L}(M) = (\{\sigma(A) | A \subseteq E\}, \subseteq)$. 则有: $\boldsymbol{L}(M)$ 是一个格, 并且 $A, B \in \boldsymbol{L}(M)$, $A \wedge B = A \cap B$, $A \vee B = \cap\{X | X \in \boldsymbol{L}(M), A \cup B \subseteq X\} = \sigma(A \cup B)$, 称 $\boldsymbol{L}(M)$ 为 M 的**闭集格**; $\boldsymbol{L}(M)$ 中的最小元是 $\sigma(\varnothing)$; 原子集为 M 中秩为 1 的闭集; 每个非零元都是原子的并; $\boldsymbol{L}(M)$ 是半模的. $\boldsymbol{L}(M)$ 还满足: $X, Y \in \boldsymbol{L}(M)$, X 覆盖 Y 当且仅当 $Y \subseteq X$ 且 $\rho(X) = \rho(Y) + 1$, ρ 为 M 的秩函数.

(2) 一个有限格 L 同构于一个拟阵的闭集格当且仅当 L 是几何的.

(3) 令 L 为一个几何格, A 为 L 的原子全体, $\boldsymbol{I}=\{X\,|\,h(\vee X)=|X|\}$, 此处 h 为 L 的高函数, $\vee X=\vee\{x\,|\,x\in X\}$, 则可以得到 $(A,\boldsymbol{I})$ 为一个拟阵, 记为 $M(L)$.

(4) 设 L 为一个半模格, $\boldsymbol{I}(L)=\{X\,|\,X$ 是 L 的原子集的一个子集, 满足 $h(\vee X)=|X|\}$, 则 $\boldsymbol{I}(L)$ 是 L 的原子集上的一个拟阵之独立集族.

(5) 令 $\boldsymbol{A}$ 为有限几何格的全体, $\boldsymbol{B}$ 为简单拟阵的全体, $f:\boldsymbol{A}\to\boldsymbol{B}$ 定义为 $L\longmapsto M(L)$, 则在同构意义下, f 为一个双射.

通常, 若半模格 L 不是几何的, 则 $L\neq\boldsymbol{L}(M(L))$. 关于这部分的讨论, 读者可参见 Welsh(1976) 的文献.

引理 4.4.7　给定图 G, 设 E 是图 G 的边集合. 令 $\boldsymbol{I}=\{X\,|\,X\subseteq E, X$ 中的任意边子集不构成图 G 的圈$\}$, 则 $M=M(E,\boldsymbol{I})$ 是一个拟阵, 称为图 G 的圈拟阵.

下面将利用引理 4.4.7, 通过构造一个形式背景的图结构, 得到一个拟阵, 利用拟阵的思想, 完成概念格基本定理的证明.

定义 4.4.8　设 (O,P,I) 为一个形式背景, 则 $G_{(O,P,I)}$ 是图, 也就是 $(O\cup P,\{(o,p)|oIp\})$, 即图的顶点集 $V(G_{(O,P,I)})$ 是 $O\cup P$, 边集 $E(G_{(O,P,I)})$ 是 $\{(o,p)|oIp\}$.

给一个记号: 设 G 为任意一个图, $S\subseteq V(G)$, $N_G(S)=\{y\in V(G)\,|\,y\in N(x),\forall x\in S\}$, 此处 $N(x)$ 为 x 的邻域, 也即所有与 x 关联的顶点之集合. 其中 $N_G(S)$ 可简记为 $N(S)$.

引理 4.4.9　设 (O,P,I) 为一个形式背景.

(1) 对于任何 $X\subseteq O$, 有 $\|_x=\{Y\subseteq X\,|\,G[Y\cup N(Y)]\neq\varnothing\}$ 是 O 上的一个拟阵的独立集族, 并且 X 是 $(O,\|_x)$ 上的唯一基. 此处 $G[Y\cup N(Y)]$ 为由顶点集是 $Y\cup N(Y)$, 边集为顶点集 $Y\cup N(Y)$ 在 $G_{(O,P,I)}$ 中拥有的所有边组成.

(2) 令 $X,Y\subseteq O$, 并且 $(X,N(X)),(Y,N(Y))\in\beta(O,P,I)$, 则 $(X\cap Y,N(X\cap Y))$ 是 $(X,N(X))$ 和 $(Y,N(Y))$ 在 $\beta(O,P,I)$ 中的下确界.

对于两个概念 $(A,B),(C,D)$ 在 $\beta(O,P,I)$ 中的偏序关系 $\leqslant$ 下, 由于 $|\beta(O,P,I)|\leqslant\infty$, 则由格论知识可知,

$$(A,B)\vee(C,D)=\wedge_{(A,B),(C,D)\leqslant(A_j,B_j),(A_j,B_j)\in\beta(O,P,I)(j\in J)}(A_j,B_j),$$

由引理 4.4.9 的 (2) 可知 $(A,B)\vee(C,D)$ 的外延是 $\cap_{j\in J}A_j$. 此外, $(A,B)\wedge(C,D)$, $(A,B)\vee(C,D)$ 的内涵分别是 $N(A\cap C)$ 和 $N\left(\bigcap_{A,C\subseteq A_j\in\beta_O(O,P,I),j\in J}A_j\right)$, 从而可以得到下面定理.

定理 4.4.10　设 $A,C\in\beta_O(O,P,I)$, 关于 $\beta_O(O,P,I)$ 中的偏序关系, 有

(1) $\beta_O(O,P,I)$ 是一个完备格, 其中上、下确界分别为

$$A\vee C=\bigcap_{A,C\subseteq A_j\in\beta_o(O,P,I),j\in J}A_j,\quad A\wedge C=A\cap C.$$

(2) $\beta(O, P, I)$ 是一个完备格.

定理 4.4.10 中的 (2) 与甘特和威尔得到的结果一致, 然而这里采用的方法与他们的方法不同, 此处使用拟阵的思想方法得到该定理. 甘特和威尔称此定理为概念格的基本定理, 以此说明该定理在概念格研究中的作用. 定理 4.4.10 的得到过程说明可以在拟阵思想方法下完成基本定理的证明, 从而表现出拟阵可以运用到概念格的研究中.

概念格研究之目的就是为实际服务, 下面介绍一个利用拟阵得到实际问题中有关运用概念格建格方法 (更为详细内容可以参见相关文献).

现代经济发展中, 大城市经济圈内至少有一个或多个经济发达并具有较强城市功能的中心城市, 以便带动周围其他城市的发展, 这种经济圈模式现已成为城市经济圈发展的增长级. 实践证明, 经济圈中以三个地区为最好, 例如京津冀经济圈、长江三角洲经济圈、珠江三角洲经济圈等. 另外, 若将经济圈中每个城市视为一个顶点, 城市间有路可达时连接为边, 则一个经济圈为一个图. 由图论知在多边形图中, 三个顶点构成的圈 (即三角形) 是最稳定的, 因此下面考虑的圈将以三角形为基本单元.

由于人们出行受多个属性条件的限制, 经过研究发现 n 个顶点的完全图 K_n 中形成三角形圈的一种特殊性质. 由此, 可以对复杂的交通网络进行分析、转化, 形成 K_n 图. 进而, 能够建立网络模型, 构建模型所对应的关联矩阵. 依据 K_n 图所产生的特殊形式背景, 建立概念格信息提取方法. 从而, 给出基于二元拟阵 K_n 图的一种建格方法.

定义 4.4.11 (1) 设任意 (无向) 图 $G = (V, E)$, 其中顶点集 $V = \{v_1, v_2, \ldots, v_n\}$, 边集 $E = \{e_1, e_2, \ldots, e_e\}$. 用 m_{ij} 表示顶点 v_i 与边 e_j 关联的次数, 可能取值为 0, 1, 2, 称所得矩阵 $\boldsymbol{M}(G) = (m_{ij})_{n \times e}$ 为图 G 的**关联矩阵**.

(2) $V(G) = X \cup Y$, $X \cap Y = \varnothing$, X 中任二顶点不相邻, Y 中任二顶点不相邻, 则 G 为二部图; 若 X 中每个顶点皆与 Y 中一切顶点相邻, 则 G 为完全二部图, 记 $K_{m,n}$, 其中 $m = |X|$, $n = |Y|$.

(3) 设 $\boldsymbol{M}$ 是定义在 $E = \{b_1, b_2, \cdots, b_r, e_1, e_2, \cdots, e_q\}$ 的一个拟阵, 其中 $B = \{b_1, b_2, \cdots, b_r\}$ 是 $\boldsymbol{M}$ 的一个基. 设 C_j 是 $B \cup \{e_j\}$ 所含的基本圈, 定义 $r \times q$ 阶矩阵 $\boldsymbol{D} = (d_{ij})$, 其中

$$若 b_i \in C_j, 则 d_{ij} = 1; 否则, 有 d_{ij} = 0,$$

则 $\boldsymbol{A} = [\boldsymbol{I_r} \boldsymbol{D}]$ 是 $\boldsymbol{M}$ 在模 2 域上的一个**标准矩阵表示**, 其中 $\varphi(b_i)$ 是 $\boldsymbol{I_r}$ 中第 i 列, 而 $\varphi(e_j)$ 是 $\boldsymbol{D}$ 中的第 j 列, $1 \leqslant i \leqslant r$, $1 \leqslant j \leqslant q$.

引理 4.4.12 在一个具有 n 个顶点的无向完全图中, 包含的边数为 $n(n-1)/2$. 为了模型的建立和讨论表述简捷, 给出如下几个定义.

定义 4.4.13　(1) 在 K_n 图中满足从一个顶点出发, 到其他 $n-1$ 个顶点的相连接的边叫做**含圈基**.

(2) 在 K_n 图中满足从一个顶点出发包含的所有相连的含圈基的顶点叫做**基顶点**.

(3) 在一个三角形最小圈中, 满足一个最小圈中包含两个基的三角形圈, 叫做**基最小圈**.

在不同城市间构建现代化交通网络, 实现城市间交通一体化, 将会极大方便交通出行. 问题是: 如何在众多出行方案中选取合适的方案, 成为人们出行前需要解决的问题.

设有 n 个城市, 每个城市看作一个顶点, 两个城市之间有路可达时, 用一条线相连接, 建立城市网络图. 图中顶点用 v_1, v_2, $\cdots$, v_n 表示, 组成集合 $V = \{v_1, v_2, \cdots, v_n\}$. 网络图中 v_i, v_j 之间有路径可达, 记互相连接的边为 e_{ij}, 将此交通网络图记为 $G = (V, E)$, 得 G 为一个有限无向图. 出行者从给定的一个顶点城市 v_1 出发去办事, 要求路径中必须经过两个顶点城市 (除去给定城市顶点以外的其他任意两个顶点城市), 再返回到出发城市顶点 v_1. 由于出行者走的道路为一个三角形, 现在的问题是要选择一个三角形在距离和花费的时间都少的三角形作为出行者的最终出行方案, 这就需要找到所有可能的出行方法, 换句话说, 出行者需要出行前找到所有需要走过的路径和出行方案, 以便从中选择最佳方案, 这些方案对决策者综合路径距离、时间、花费决策时有重要的意义, 可以帮助其更加直观地、快速地决定, 节约决策时间. 交通城市之间的无向图 G 进行转化后是顶点为 n 的完全图, 记 G 为 K_n 图. 因 K_n 图对应的关联矩阵满足二元拟阵 M 可知, 定义 4.4.13(1) 的含圈基满足定义 4.4.11(3) 的拟阵 M, 即实际生活中人们出行方案里的最小三角形圈. 于是在 K_n 图的二元拟阵的标准矩阵表示如下:

在对应组成基本圈的三条边下标记 1, 没有组成基本圈的边下标记 0, 然后把得到的矩阵作为含 0 和 1 的形式背景. 在上面进行概念格的探索和证明时发现, 在 K_n 图中将二元拟阵中的基本圈即定义 4.4.13(3) 的基最小圈, 作为对象, 每两个顶点之间相连的边作为属性, 建立形式背景, 找寻概念会遵循一定的数学规律, 运用此规律进行建格, 速度很快.

下面给出 K_n 图的建格模型.

根据定义 4.4.11(3) 给出 K_n 图的标准矩阵表示. 当顶点 $n = 3$ 时, 根据引理 4.4.12 的公式得边数为 3, 含圈基的个数为 $n-1=2$, 与其中一个顶点相连接构成的基最小圈个数为边数 $n(n-1)/2$ 减去定义 4.4.13(1) 含圈基数 $n-1$, 以此类推, 得到表 4.4.1.

表 4.4.1 顶点数与基最小圈的规律

顶点	边数	含圈基	基最小圈
3	3	2	1
4	6	3	3
5	10	4	6
6	15	5	10
7	21	6	15
$\vdots$	$\vdots$	$\vdots$	$\vdots$
n	$\cdots$	$n-1$	$n(n-1)/2-(n-1)$

将图 $G=(V, E)$ 对应的拟阵 M 中定义 4.4.13(3) 基最小圈集 O 视为形式背景中的对象集, 将图 G 的边集 E 视为属性集 P, 圈 C_i 中含有某条边 e_j 时, 记 C_ie_j 值为 1, 否则为 0, 得到形式背景 (O, P, I), 对象集 $O=\{C_1, C_2, \cdots, C_n\}$, 属性集 $P=\{b_1, b_2, \cdots, b_n\}$. 特别地, 当图 $G=(V, E)$ 为 K_n 图时, 图 $G=(V, E)$ 对应的形式背景 $L(O_{kn}, P_{kn}, I_{kn})$ 如表 4.4.2 所示.

表 4.4.2 K_n 图的形式背景 $L(O_{kn}, P_{kn}, I_{kn})$

I	b_1	b_2	b_3	b_{n-1}	$\cdots$	$b_{n(n-1)/2}$
C_1	1	0	1	0	$\cdots$	0
C_2	0	1	1	0	$\cdots$	0
C_3	1	1	0	1	$\cdots$	0
$\vdots$	$\vdots$	$\vdots$	$\vdots$	$\vdots$		0
$C_{n(n-1)/2-(n-1)}$	0	0	$\cdots$	$\cdots$	$\cdots$	1

定义 4.4.14 在 K_n 图的形式背景 $L(O_{kn}, P_{kn}, I_{kn})$ 对应的概念格 $L(O, P, I)$ 中给出 "层" 的定义:

设 $L(O, P, I)$ 最大元为 A 即第一层, 对任意 $X \in L(O, P, I)\setminus\{A\}$, 设 A 到 X 的距离为 n. 也就是, 当区间 $[X, A] \subseteq L(O, P, I)$ 最长链的长度为 r, $(r=1, 2, 3, \cdots, n)$, 则设 X 为第 m 层, $m=r+1$, 记第 m 层为 $m=L(m)$. 设概念格 $L(O, P, I)$ 的哈森示图记为 $H(L)$. 由表 4.4.2 发现, 当 $n=4$ 时, 根据 $L(O_{kn}, P_{kn}, I_{kn})=\{(P', P)\}$ 得对应的概念为

$$(C_3C_2C_1, \{\}) \in L^{(1)};$$

$$(C_1C_3, \{b_1\}), (C_3C_2, \{b_2\}), (C_1C_2, \{b_3\}) \in L^{(2)};$$

$$(C_3, \{b_6, b_1, b_2\}), (C_1, \{b_4, b_1, b_3\}), (C_2, \{b_5, b_2, b_3\}) \in L^{(3)};$$

$$(\{\ \}, \{b_6, b_5, b_4, b_3, b_2, b_1\}) \in L^{(4)}.$$

引理 4.4.15 (1) 根据完全图的定义和表 4.4.1 知, 当定义 4.4.13(1) 含圈基个数为 $n-1$ 时, 与定义 4.4.13(2) 基顶点相连接的每个基 $b_1, b_2, \cdots, b_{n-1}$ 对应的对象个数为 $n-2$ 个.

(2) 根据定义 4.4.13(3) 含两个基的基最小圈最多有一条重边.

定理 4.4.16 K_n 图对应的形式背景概念格有且仅有 4 层.

定理 4.4.17 K_n 图模型建立的概念格 $L(K_n)$ 的第 2 层和第 3 层的哈森示图组成一个二部图.

算法过程

通过对特殊限制 K_n 图的规律发现, 满足 K_n 图二元标准矩阵特点的都可以建成一个哈森示图. 对于具有这种特定形式背景的概念, 用上面的建格方法进行建格, 速度很快. 下面给出对象是基最小圈, 属性是边的形式背景的建格过程.

输入: 形式背景 (O, P, I).

输出: 集合 C, (O, P, I) 所有的概念.

(1) $C:=\{P', P\}$初始化属性集合 $B = \varnothing$.

(2) 找第 2 层的概念, 根据规律知道, 当完全图为 K_n 时, 顶点数为 n, 与基顶点相连的边为 $n-1$, 即第 2 层的概念为 $n-1$ 个, 根据属性 $b_1, b_2, \cdots, b_{n-1}$ 找到所对应的基最小圈对象.

(3) 找第 3 层的概念, 根据完全图 K_n 的特点, 基最小圈的个数为 $n(n-1)/2 - (n-1)$, 即第 3 层有概念 $n(n-1)/2 - (n-1)$ 个, 由对象 $C_1, C_2, \cdots, C_{n(n-1)/2-(n-1)}$, 找到所对应的属性.

(4) 第 1 层中的元 (概念), 与且仅与第 2 层的每一个元分别连线, 第 4 层的元与且仅与第 3 层的每一个元分别连线, 第 2 层的元与第 3 层的元之间的连线关系可以根据定理 4.4.17 进行, 这样就可以得到所有应该存在的连线; 即根据定义 4.3.1 和引理 4.3.3 的偏序关系 $(C_1, b_1) \leqslant (C_2, b_2) \Leftrightarrow C_1 \subseteq C_2 (\Leftrightarrow b_2 \subseteq b_1)$, 满足概念格子概念—父概念的关系, 把第 1 层的概念 $(O, \{ \})$ 与第 2 层的概念建立连线, 第 4 层的概念 $(\{ \}, P)$ 与第 3 层概念建立连线加入步骤 (2) 和 (3) 组成的二部图中.

*4.5 模糊格和模糊概念格

目前, 概念格模型的模糊推广是一个重要研究问题, 推广方式主要有两类: 模糊值方法和模糊逻辑方法. 本节只讨论从模糊数值的视角分析模糊概念格. 克拉伊奇 (Krajci) 和耶和亚 (Yahia) 等人分别独立研究了 "单边模糊概念", 即概念的外延是经典的, 内涵是模糊的; 或者概念的外延是模糊的, 内涵是经典的. 本节的工作主要是讨论 "单边模糊概念".

下面首先简单介绍模糊格.

4.5.1 模糊格

定义 4.5.1 设 L 是一个格, $\underset{\sim}{A} \in \mathfrak{F}(L)$. 若 $\forall x, y \in L$, 有

(i) $\underset{\sim}{A}(x \wedge y) \geqslant \underset{\sim}{A}(x) \wedge \underset{\sim}{A}(y)$;

(ii) $\underset{\sim}{A}(x \vee y) \geqslant \underset{\sim}{A}(x) \wedge \underset{\sim}{A}(y)$.

则称 $\underset{\sim}{A}$ 为 L 上的一个**模糊子格**(fuzzy sublattice).

定义 4.5.2 设 L 是一个格, $\underset{\sim}{A}$ 为 L 上的一个模糊子格. 若 $\forall x, y \in L$, 有

(i) 如果 $x \leqslant y \Rightarrow \underset{\sim}{A}(x) \geqslant \underset{\sim}{A}(y)$, 则称 $\underset{\sim}{A}$ 为一个**模糊理想**(fuzzy ideal);

(ii) 如果 $x \leqslant y \Rightarrow \underset{\sim}{A}(x) \leqslant \underset{\sim}{A}(y)$, 则称 $\underset{\sim}{A}$ 为一个**模糊滤子**(fuzzy filter) .

定义 4.5.3 设 L 是一个格, $\underset{\sim}{A}$ 为 L 上的一个模糊理想 (滤子). 若 $\forall x, y \in L$, 有

$$\underset{\sim}{A}(x \vee y) \leqslant \underset{\sim}{A}(x) \vee \underset{\sim}{A}(y) \quad (\underset{\sim}{A}(x \wedge y) \leqslant \underset{\sim}{A}(x) \vee \underset{\sim}{A}(y)),$$

则称 $\underset{\sim}{A}$ 为一个**模糊素理想**(**模糊素滤子**).

定义 4.5.4 设 X 是一个非空集合, 若映射 $\underset{\sim}{R}: X \times X \to L$ 满足

(i) $\forall x \in X, \underset{\sim}{R}(x, x) = 1$;

(ii) $\forall x, y, z \in X, \underset{\sim}{R}(x, y) \wedge \underset{\sim}{R}(y, z) \leqslant \underset{\sim}{R}(x, y)$;

(iii) $\forall x, y \in X, \underset{\sim}{R}(x, y) = 1 = \underset{\sim}{R}(y, x) \Rightarrow x = y$.

则称 $\underset{\sim}{R}$ 为 X 上的一个 L **模糊偏序**, $(X, \underset{\sim}{R})$ 为**模糊偏序集**.

定义 4.5.5 设 $(X, \underset{\sim}{R})$ 为一模糊偏序集, $S \in \wp(L)$. 若 $\forall x \in X$, 存在 $x_0 \in X$, 使得

(i) $\underset{\sim}{S}(x) \leqslant \underset{\sim}{R}(x, x_0)$;

(ii) $\underset{y \in X}{\wedge}(S(y) \to \underset{\sim}{R}(y, x)) \leqslant \underset{\sim}{R}(x_0, x)$.

则称 $S \in \wp(L)$ 有**上确界**, 记为 $x_0 = \vee S$.

相应地, 若 $\forall x \in X$, 存在 $x_1 \in X$, 使得

(iii) $S(x) \leqslant \underset{\sim}{R}(x_1, x)$;

(iv) $\underset{y \in X}{\wedge}(S(y) \to \underset{\sim}{R}(x, y)) \leqslant \underset{\sim}{R}(x, x_1)$.

则称 $S \in \wp(L)$ 有**下确界**, 记为 $x_1 = \wedge S$.

定理 4.5.6 设 $(X, \underset{\sim}{R})$ 为一模糊偏序集, $S \in \wp(L)$, 则

(i) $x_0 = \vee S \Leftrightarrow \underset{\sim}{R}(x_0, x) = \underset{y \in X}{\wedge}(S(y) \to \underset{\sim}{R}(y, x))$;

(ii) $x_1 = \wedge S \Leftrightarrow \underset{\sim}{R}(x, x_1) = \underset{y \in X}{\wedge}(S(y) \to \underset{\sim}{R}(x, y))$.

证明 易证, 略.

定义 4.5.7　设 $(X, \underset{\sim}{R})$ 为一模糊偏序集, 若 $\forall S \in \wp(L)$, S 的上、下确界均存在, 则称 $(X, \underset{\sim}{R})$ 为**模糊完备格**.

4.5.2　经典–模糊概念

定义 4.5.8　设 O 是对象的集合, P 是属性的集合, $\underset{\sim}{I}$ 是关于 O 与 P 间的模糊关系, 即 $\underset{\sim}{I} \in \mathfrak{F}(G \times M)$, 称三元组 $(O, P, \underset{\sim}{I})$ 为一个**模糊形式背景**(fuzzy formal context).

例 5　设 $(O, P, \underset{\sim}{I})$ 为一个模糊形式背景, 其中 $O = \{x_1, x_2, x_3, x_4\}$, $P = \{a, b, c, d, e\}$, 模糊关系 $\underset{\sim}{I}$ 见表 4.5.1.

表 4.5.1　模糊形式背景

$\underset{\sim}{I}$	a	b	c	d	e
x_1	0.8	0.5	0.2	0.8	0.7
x_2	0.7	0.7	0.7	0.3	0.2
x_3	0.1	0.2	0.1	0.7	0.2
x_4	0.5	0.7	0.5	0.2	0.2

定义 4.5.9　设 $(O, P, \underset{\sim}{I})$ 为一个模糊形式背景, 定义

$$g : \wp(O) \to \mathfrak{F}(P), f : \mathfrak{F}(P) \to \wp(O),$$

即 $\forall X \in \wp(O)$, $\forall \underset{\sim}{B} \in \mathfrak{F}(P)$, 有

(i) $g(X)(a) = \underset{x \in X}{\wedge} \underset{\sim}{I}(x, a)$, $\forall a \in P$;

(ii) $f(\underset{\sim}{B}) = \left\{ x \in O \,\middle|\, \underset{\sim}{I}(x, b) \geqslant \underset{\sim}{B}(b), \forall b \in B \right\}$.

注 4.5.10　通常也有将 $g(X)$ 写为 X', 而将 $f(\underset{\sim}{B})$ 写为 $\underset{\sim}{B}'$, 即一个符号 "′" 对应两个定义的运算. 本节及后续内容针对经典–模糊概念, 采用此符号.

定理 4.5.11　设 $X_1, X_2, X \subseteq O$, $\underset{\sim}{B}_1, \underset{\sim}{B}_2, \underset{\sim}{B} \in \mathfrak{F}(P)$, 则

(i) $X_1 \subseteq X_2 \Rightarrow X_2' \subseteq X_1'$, $\underset{\sim}{B}_1 \subseteq \underset{\sim}{B}_2 \Rightarrow \underset{\sim}{B}_2' \subseteq \underset{\sim}{B}_1'$;

(ii) $X \subseteq X''$, $\underset{\sim}{B} \subseteq \underset{\sim}{B}''$;

(iii) $X' = X'''$, $\underset{\sim}{B}' = \underset{\sim}{B}'''$;

(iv) $X \subseteq \underset{\sim}{B}' \Leftrightarrow \underset{\sim}{B} \subseteq X'$;

(v) $(X_1 \cup X_2)' = X_1' \cap X_2'$, $(\underset{\sim}{B}_1 \cup \underset{\sim}{B}_2)' = \underset{\sim}{B}_1' \cap \underset{\sim}{B}_2'$;

(vi) $(X_1 \cap X_2)' \supseteq X_1' \cup X_2'$, $\left(\underset{\sim}{B}_1 \cap \underset{\sim}{B}_2\right)' \supseteq \underset{\sim}{B}_1' \cup \underset{\sim}{B}_2'$.

证明　易证, 略.

定义 4.5.12　设一个模糊形式背景为 $(O, P, \underset{\sim}{I})$. $\forall X \in \wp(O)$, $\forall \underset{\sim}{B} \in \mathfrak{F}(P)$, 若 $X' = \underset{\sim}{B}$, $\underset{\sim}{B}' = X$, 则称 $(X, \underset{\sim}{B})$ 为一**经典–模糊概念**. X 和 $\underset{\sim}{B}$ 分别称为经典–模糊概

念 $(X, \underset{\sim}{B})$ 的**外延**和**内涵**. $\beta(O,P,\underset{\sim}{I})$ 表示形式背景 $(O, P, \underset{\sim}{I})$ 所有经典–模糊概念的集合.

由定理 4.5.11 可知 (X'', X') 和 $(\underset{\sim}{B}', \underset{\sim}{B}'')$ 均为经典–模糊概念. $\forall (X_1, \underset{\sim}{B}_1), (X_2, \underset{\sim}{B}_2) \in \beta(O,P,\underset{\sim}{I})$, 定义偏序关系为

$$(X_1, \underset{\sim}{B}_1) \leqslant (X_2, \underset{\sim}{B}_2) \text{当且仅当} X_1 \subseteq X_2 \text{或} \underset{\sim}{B}_2 \subseteq \underset{\sim}{B}_1,$$

其中 $(X_1, \underset{\sim}{B}_1)$ 称为 $(X_2, \underset{\sim}{B}_2)$ 的子概念, $(X_2, \underset{\sim}{B}_2)$ 称为 $(X_1, \underset{\sim}{B}_1)$ 的父概念.

此外, $\forall (X_1, \underset{\sim}{B}_1), (X_2, \underset{\sim}{B}_2) \in \beta(O,P,\underset{\sim}{I})$, 则 $(X_1 \cap X_2, (\underset{\sim}{B}_1 \cup \underset{\sim}{B}_2)'')$ 和 $((X_1 \cup X_2)'', \underset{\sim}{B}_1 \cap \underset{\sim}{B}_2)$ 仍然是经典–模糊概念.

注 4.5.13 设一个模糊形式背景为 $(O,P,\underset{\sim}{I})$, 则 $\beta(O,P,\underset{\sim}{I})$ 为一个模糊完备格, 且两个经典–模糊概念的上下确界定义为

$$(X_1, \underset{\sim}{B}_1) \wedge (X_2, \underset{\sim}{B}_2) = (X_1 \cap X_2, (\underset{\sim}{B}_1 \cup \underset{\sim}{B}_2)'') \in \beta(O,P,\underset{\sim}{I}),$$
$$(X_1, \underset{\sim}{B}_1) \vee (X_2, \underset{\sim}{B}_2) = \left((X_1 \cup X_2)'', \underset{\sim}{B}_1 \cap \underset{\sim}{B}_2\right) \in \beta(O,P,\underset{\sim}{I}),$$

其中 $(X_1, \underset{\sim}{B}_1), (X_2, \underset{\sim}{B}_2) \in \beta(O,P,\underset{\sim}{I})$.

对于例 5, 可求出模糊形式背景 $(O,P,\underset{\sim}{I})$ 的全部经典–模糊概念为

$$(\varnothing, \{(a,1),(b,e_2),(c,1),(d,1),(e,1)\});$$
$$(\{x_1\}, \{(a,0.8),(b,0.5),(c,0.2),(d,0.8),(e,0.7)\});$$
$$(\{x_2\}, \{(a,0.7),(b,0.7),(c,0.7),(d,0.3),(e,0.2)\});$$
$$(\{x_1,x_2\}, \{(a,0.7),(b,0.5),(c,0.2),(d,0.3),(e,0.2)\});$$
$$(\{x_1,x_3\}, \{(a,0.1),(b,0.2),(c,0.1),(d,0.7),(e,0.2)\});$$
$$(\{x_2,x_4\}, \{(a,0.5),(b,0.7),(c,0.5),(d,0.2),(e,0.2)\});$$
$$(\{x_1,x_2,x_3\}, \{(a,0.1),(b,0.2),(c,0.1),(d,0.3),(e,0.2)\});$$
$$(\{x_1,x_2,x_3,x_4\}, \{(a,0.1),(b,0.2),(c,0.1),(d,0.2),(e,0.2)\}).$$

4.5.3 模糊–经典概念

定义 4.5.14 设 $(O,P,\underset{\sim}{I})$ 是一个模糊形式背景. 定义

$$g: \mathfrak{F}(O) \to \wp(P), \quad f: \wp(P) \to \mathfrak{F}(O),$$

即 $\forall \underset{\sim}{X} \in \mathfrak{F}(O), \forall B \in \wp(P)$, 有

(i) $g(\underset{\sim}{X}) = \left\{a \in P \,\middle|\, \underset{\sim}{I}(x,a) \geqslant \underset{\sim}{X}(x), \forall x \in O\right\}$;

(ii) $f(B)(x) = \underset{a \in B}{\wedge} \underset{\sim}{I}(x,a), \forall x \in O$.

性质 4.5.15　设 $(O,P,\underset{\sim}{I})$ 是一个模糊形式背景. $\forall \underset{\sim}{X}, \underset{\sim}{X}_1, \underset{\sim}{X}_2, \underset{\sim}{X}_i, \in \mathfrak{F}(O)$, $\forall B$, $B_1, B_2, B_i \in \wp(P)$, $i \in J$ (J 是一个指标集), 则有

(i) $\underset{\sim}{X}_1 \subseteq \underset{\sim}{X}_2 \Longrightarrow g(\underset{\sim}{X}_1) \supseteq g(\underset{\sim}{X}_2), B_1 \subseteq B_2 \Longrightarrow f(B_1) \supseteq f(B_2)$;

(ii) $\underset{\sim}{X} \subseteq f \circ g(\underset{\sim}{X}), B \subseteq g \circ f(B)$;

(iii) $g(\underset{\sim}{X}) = g \circ f \circ g(\underset{\sim}{X}), f(B) = f \circ g \circ f(B)$;

(iv) $g\left(\bigcup_{i \in J} \underset{\sim}{X}_i\right) = \cap_{i \in J} g(\underset{\sim}{X}_i), f\left(\bigcup_{i \in J} B_i\right) = \left(\bigcap_{i \in J} B_i\right)$.

设 $(O,P,\underset{\sim}{I})$ 是一个模糊形式背景. $\forall \underset{\sim}{X} \in \mathfrak{F}(O), \forall B \in \wp(P)$, 若 $\underset{\sim}{X} = f(B)$, $B = g(\underset{\sim}{X})$, 则称 $(\underset{\sim}{X}, B)$ 为**模糊–经典概念**. $\underset{\sim}{X}$, B 分别称为模糊–经典概念的外延和内涵. 所有的模糊–经典概念形成一个完备格, 记为 $\beta(O,P,\underset{\sim}{I})$.

设 $(O,P,\underset{\sim}{I})$ 是一个模糊形式背景. 如果 $(\underset{\sim}{X}_1, B_1), (\underset{\sim}{X}_2, B_2) \in \beta(O,P,\underset{\sim}{I})$, 那么模糊–经典概念的下确界和上确界定义为

$$(\underset{\sim}{X}_1, B_1) \vee (\underset{\sim}{X}_2, B_2) = \left(f \circ g(\underset{\sim}{X}_1 \cup \underset{\sim}{X}_2), B_1 \cap B_2\right) = (f(B_1 \cap B_2), B_1 \cap B_2);$$

$$(\underset{\sim}{X}_1, B_1) \wedge (\underset{\sim}{X}_2, B_2) = \left(\underset{\sim}{X}_1 \cap \underset{\sim}{X}_2, g \circ f(B_1 \cup B_2)\right) = (\underset{\sim}{X}_1 \cap \underset{\sim}{X}_2, g(\underset{\sim}{X}_1 \cap \underset{\sim}{X}_2)).$$

注 4.5.16　关于模糊–经典概念的例子, 可见例 10 和例 11.

*4.6　模糊概念格的一些拓展

随着科技的发展, 模糊概念格也在不断地进步. 本节将简单介绍模糊概念格的一些拓展: 区间中智模糊概念格与基于有向图的属性约简, 更详细的内容读者可以参见相关文献.

4.6.1　区间中智模糊概念格

首先给出一些相关的定义, 其次讨论性质, 并通过具体的例子对相应的内容加以解释, 之后与已有的一个著名方法相比较.

定义 4.6.1　设 $(S, \leqslant)$ 和 $(Q, \leqslant)$ 为两个偏序集, 映射 $\varphi: S \to Q$, $\psi: Q \to S$. 如果它们满足以下性质, 那么称 (φ, ψ) 为定义在 $(S, \leqslant)$ 与 $(Q, \leqslant)$ 上的**伽罗瓦连接**(Galois connection):

(1) $s_1 \leqslant s_2 \Rightarrow \varphi s_1 \geqslant \varphi s_2$.

(2) $q_1 \leqslant q_2 \Rightarrow \psi q_1 \geqslant \psi q_2$.

(3) $s \leqslant \psi \varphi s$ 且 $q \leqslant \varphi \psi q$.

定义 4.6.2 设 $a = [a^-, a^+] = \{x \mid a^- \leqslant x \leqslant a^+\}$, 则称 a 是一个**区间数**. 特别地, 如果 $a^- = a^+$, 则 a 是一个普通实数. 设 $D(0,1)$ 为定义在集合 $[0,1]$ 上的区间数的集合, 令 $D_1 = [a_1^-, b_1^+]$, $D_2 = [a_2^-, b_2^+] \in D(0,1)$, 可以给出如下几个定义:

(1) $D_1 \wedge D_2 = [a_1^-, b_1^+] \wedge [a_2^-, b_2^+] = [a_1^- \wedge a_2^-, b_1^+ \wedge b_2^+]$.

(2) $D_1 \vee D_2 = [a_1^-, b_1^+] \vee [a_2^-, b_2^+] = [a_1^- \vee a_2^-, b_1^+ \vee b_2^+]$.

(3) $D_1 \leqslant D_2 \Longleftrightarrow a_1^- \leqslant a_2^-$ 且 $b_1^+ \leqslant b_2^+$.

(4) $D_1 = D_2 \Longleftrightarrow a_1^- = a_2^-$ 且 $b_1^+ = b_2^+$.

(5) $kD = [ka_1^-, kb_1^+]$ 且 $0 \leqslant k \leqslant 1$.

易证明 $(D(0,1), \leqslant, \vee, \wedge)$ 构成完备格, 其中最小元是 $[0,0]$, 最大元是 $[1,1]$.

定义 4.6.3 设 X 为给定论域, 对任意的 $x \in X$, 称

$$\underset{\sim}{A} = \{\langle x, T_A(x), I_A(x), F_A(x)\rangle \mid x \in X\}$$

为**区间中智集**(interval neutrosophic set, INS), 其中 $T_A(x)$, $H_A(x)$ 和 $F_A(x)$ 分别表示 x 属于 $\underset{\sim}{A}$ 的隶属度、犹豫度和非隶属度, 如果 $T_A(x), H_A(x), F_A(x) \subseteq [0,1]$, 且 $0 \leqslant \sup T_A(x) + \sup H_A(x) + \sup F_A(x) \leqslant 3$.

注 4.6.4 令 INS(X) 为论域 X 上所有的区间中智集的集合, 区间中智集 $\underset{\sim}{A}$ 可以表示成以下形式:

$$\underset{\sim}{A} = \{\langle x, T_A(x), I_A(x), F_A(x)\rangle \mid x \in X\}$$
$$= \{\langle x, [\inf T_A(x), \sup T_A(x)], [\inf H_A(x), \sup H_A(x)], [\inf F_A(x), \sup F_A(x)]\rangle \mid x \in X\}.$$

此处, inf和sup分别表示下确界和上确界.

例 6 $\underset{\sim}{A} = \{\langle x_1 [0.2, 0.5], [0.4, 0.8], [0.1, 0.4]\rangle, \quad \langle x_2 [0.3, 0.7], [0.5, 0.6], [0.7, 0.9]\rangle, \langle x_3 [0.6, 0.9], [0.4, 0.7], [0.2, 0.5]\rangle\}$ 为论域 $X = \{x_1, x_2, x_3\}$ 上的区间中智集.

定义 4.6.5 设 $\underset{\sim}{A}$, $\underset{\sim}{B}$ 为给定论域 X 上的两个区间中智集, $\underset{\sim}{A} \subseteq \underset{\sim}{B}$ 当且仅当对任意的 $x \in X$ 有

$$\inf T_A(x) \leqslant \inf T_B(x), \sup T_A(x) \leqslant \sup T_B(x),$$
$$\inf H_A(x) \geqslant \inf H_B(x), \sup H_A(x) \geqslant \sup H_B(x),$$
$$\inf F_A(x) \geqslant \inf F_B(x), \sup F_A(x) \geqslant \sup F_B(x).$$

定义 4.6.6 (1) 设 $\underset{\sim}{A}, \underset{\sim}{B}$ 为给定论域 X 上的两个区间中智集, 设 $\underset{\sim}{C} = \underset{\sim}{A} \cap \underset{\sim}{B}$, 则 x 属于 $\underset{\sim}{C}$ 的隶属度、犹豫度和非隶属度分别为

$$\inf T_C(x) = \min(\inf T_A(x), \inf T_B(x)), \sup T_C(x) = \min(\sup T_A(x), \sup T_B(x)),$$
$$\inf I_C(x) = \max(\inf H_A(x), \inf H_B(x)), \sup I_C(x) = \max(\sup H_A(x), \sup H_B(x)),$$
$$\inf F_C(x) = \max(\inf F_A(x), \inf F_B(x)), \sup F_C(x) = \max(\sup F_A(x), \sup F_B(x)).$$

(2) 设 $\underset{\sim}{A},\underset{\sim}{B}$ 为给定论域 X 上的两个区间中智集, 设 $\underset{\sim}{C} = \underset{\sim}{A} \cup \underset{\sim}{B}$, 则 x 属于 $\underset{\sim}{C}$ 的隶属度、犹豫度和非隶属度分别为

$$\inf T_C\left(x\right) = \max(\inf T_A\left(x\right), \inf T_B(x)), \sup T_C\left(x\right) = \max(\sup T_A\left(x\right), \sup T_B(x)),$$
$$\inf I_C\left(x\right) = \min(\inf H_A\left(x\right), \inf H_B(x)), \sup I_C\left(x\right) = \min(\sup H_A\left(x\right), \sup H_B(x)),$$
$$\inf F_C\left(x\right) = \min(\inf F_A\left(x\right), \inf F_B(x)), \sup F_C\left(x\right) = \min(\sup F_A\left(x\right), \sup F_B(x)).$$

定义 4.6.7 (1) 称三元组 $(O, P, \underset{\sim}{I})$ 为区间中智模糊 (interval neutrosophic fuzzy, INF) 形式背景, 如果 O 是对象集, P 是属性集, $\underset{\sim}{I}$ 是论域 $O \times P$ 上的区间中智集, 即

$$\underset{\sim}{I}\left(x, m\right) = \langle T_I\left(x, m\right), H_I(x, m), F_I(x, m)\rangle,$$

记 $V = \left\{\underset{\sim}{I}\left(x, m\right) \mid x \in O, m \in P\right\}$.

(2) 设 $K = (O, P, \underset{\sim}{I})$ 是区间中智模糊形式背景, 对于对象集 $X \subseteq O$, 属性集 $B \subseteq P$, 在 $\wp(O)$ 与 INS(P) 之间定义一对算子:

$$' : \wp\left(O\right) \to \text{INS}\left(P\right) \text{ 和}' : \ \text{INS}\left(P\right) \to \wp(O),$$

其中 $\wp(O)$ 为对象集 O 的幂集, INS(P) 为属性集 P 上的区间中智集的集合.

由上述算子可知,

$$X' = \underset{\sim}{A} = \left\{\langle m, T_A\left(m\right), H_A\left(m\right), F_A(m) \mid \rangle m \in P\right\},$$

其中 $T_A\left(m\right) = \wedge_{\forall x \in X} T_I\left(x, m\right), H_A\left(m\right) = \vee_{\forall x \in X} H_I\left(x, m\right), F_A\left(m\right) = \vee_{\forall x \in X} F_I(x, m)$. 特别地,

$$\varnothing^{'} = \left\{\langle m, [1, 1], [0, 0], [0, 0]\rangle \mid m \in P\right\}.$$

当 $m \in B$ 时, $\underset{\sim}{B}' = \left\{x \in O \mid \underset{\sim}{I}\left(x, m\right) \geqslant \underset{\sim}{B}\left(m\right), \forall m \in P\right\}$;

当 $m \notin B$ 时, $\underset{\sim}{B}\left(m\right) = \langle[0, 0], [1, 1], [1, 1]\rangle$.

注意 $O^B = \left\{\underset{\sim}{B} \mid \underset{\sim}{B}(m) = \underset{\sim}{I}(x, m), x \in O, m \in P\right\}$.

(3) $(X, \underset{\sim}{B})$ 称为区间中智模糊概念当且仅当 $X' = \underset{\sim}{B}$ 且 $\underset{\sim}{B}' = X$, 其中 X 称为区间中智模糊概念 $(X, \underset{\sim}{B})$ 的外延, $\underset{\sim}{B}$ 称为区间中智模糊概念 $(X, \underset{\sim}{B})$ 的内涵. 区间中智模糊形式背景 $(O, P, \underset{\sim}{I})$ 产生的所有区间中智模糊概念的集合记为 $\beta\left(O, P, \underset{\sim}{I}\right)$.

定理 4.6.8 设 $K = (O P, \underset{\sim}{I})$ 是区间中智模糊形式背景, 算子 $(')$ 构成伽罗瓦连接, 具体来说, 对任意的 $X_1, X_2, X \subseteq O$ 和 $B_1, B_2, B \subseteq P$, 算子 $(')$ 具有以下性质:

(1) $X_1 \subseteq X_2 \Longrightarrow X_2' \subseteq X_1'$, $\underset{\sim}{B}_1 \subseteq \underset{\sim}{B}_2 \Rightarrow \underset{\sim}{B}_2' \subseteq \underset{\sim}{B}_1'$.

(2) $X \subseteq X''$, $\underset{\sim}{B} \subseteq \underset{\sim}{B}''$.

(3) $X' = X'''$, $\underset{\sim}{B}' = \underset{\sim}{B}'''$.

(4) $X \subseteq \underset{\sim}{B}' \Longleftrightarrow \underset{\sim}{B} \subseteq X'$.

(5) $(X_1 \cup X_2)' = X_1' \cap X_2'$, $(\underset{\sim}{B}_1 \cup \underset{\sim}{B}_2)' = \underset{\sim}{B}_1' \cap \underset{\sim}{B}_2'$.

证明 此处略. 留作作业, 由读者完成.

定理 4.6.9 设 $K = (O, P, \underset{\sim}{I})$ 是区间中智模糊形式背景, $\forall (X_1 \underset{\sim}{B}_1)$, $(X_2, \underset{\sim}{B}_2) \in \beta(O, P, \underset{\sim}{I})$, 其中 $X_1, X_2 \subseteq O$, $B_1, B_2 \subseteq P$, 则有如下性质:

(1) (X_1'', X_1') 和 $(\underset{\sim}{B}_1', \underset{\sim}{B}_1'')$ 是区间中智模糊概念.

(2) $(X_1 \cap X_2, (\underset{\sim}{B}_1 \cup \underset{\sim}{B}_2)'')$ 和 $((X_1 \cup X_2)'', \underset{\sim}{B}_1 \cap \underset{\sim}{B}_2)$ 是区间中智模糊概念.

(3) 若对任意的区间中智模糊概念 $(X_1, \underset{\sim}{B}_1)$ 和 $(X_2, \underset{\sim}{B}_2)$, 定义的序关系 " $\preccurlyeq$ " 如下

$$(X_1 \underset{\sim}{B}_1) \preccurlyeq (X_2, \underset{\sim}{B}_2) \Longleftrightarrow X_1 \subseteq X_2 \Longleftrightarrow \underset{\sim}{B}_2' \subseteq \underset{\sim}{B}_1',$$

则称 $(X_1, \underset{\sim}{B}_1)$ 是 $(X_2, \underset{\sim}{B}_2)$ 的子概念, 称偏序集 $(\beta(O, P, \underset{\sim}{I}), \preccurlyeq)$ 为区间中智模糊概念格, 仍记为 $\beta(O, P, \underset{\sim}{I})$.

(4) $\beta(O, P, \underset{\sim}{I})$ 是完备格当且仅当下列等式成立:

$$(X_1, \underset{\sim}{B}_1) \wedge (X_2, \underset{\sim}{B}_2) = (X_1 \cap X_2, (\underset{\sim}{B}_1 \cup \underset{\sim}{B}_2)'') \in \beta(O, P, \underset{\sim}{I}),$$
$$(X_1, \underset{\sim}{B}_1) \vee (X_2, \underset{\sim}{B}_2) = \left((X_1 \cup X_2)'', \underset{\sim}{B}_1 \cap \underset{\sim}{B}_2\right) \in \boldsymbol{\beta}(O, P, \underset{\sim}{I}).$$

证明 (1) 根据定义 4.6.7(3) 和定理 4.6.8(3), 显然 (X_1'', X_1') 和 $(\underset{\sim}{B}_1', \underset{\sim}{B}_1'')$ 是区间中智模糊概念.

(2) 一方面, 因为 $(X_1, \underset{\sim}{B}_1), (X_2, \underset{\sim}{B}_2) \in \beta(O, P, \underset{\sim}{I})$, 所以 $X_1' = \underset{\sim}{B}_1$, $\underset{\sim}{B}_1' = X_1$, $X_2' = \underset{\sim}{B}_2$, $\underset{\sim}{B}_2' = X_2$, 因此得出 $(X_1 \cap X_2)' = (\underset{\sim}{B}_1' \cap \underset{\sim}{B}_2')' = (\underset{\sim}{B}_1 \cup \underset{\sim}{B}_2)''$.

另一方面, $(\underset{\sim}{B}_1 \cup \underset{\sim}{B}_2)''' = (\underset{\sim}{B}_1 \cup \underset{\sim}{B}_2)' = \underset{\sim}{B}_1' \cap \underset{\sim}{B}_2' = X_1 \cap X_2$. 所以 $(X_1 \cap X_2, (\underset{\sim}{B}_1 \cup \underset{\sim}{B}_2)'') \in \beta(O, P, \underset{\sim}{I})$.

类似地, 可以得到 $((X_1 \cup X_2)'', \underset{\sim}{B}_1 \cap \underset{\sim}{B}_2)$ 是区间中智模糊概念.

(3) 要证明 $(\beta(O, P, \underset{\sim}{I}), \preccurlyeq)$ 是偏序集, 仅需证明序关系 " $\preccurlyeq$" 满足自反性、反对称性以及传递性.

首先, $(X_1, \underset{\sim}{B}_1) \preccurlyeq (X_1, \underset{\sim}{B}_1)$ 显然成立, 即满足自反性;

其次, 如果 $(X_1, \underset{\sim}{B}_1,) \preccurlyeq (X_2, \underset{\sim}{B}_2)$, $(X_2, \underset{\sim}{B}_2) \preccurlyeq (X_1, \underset{\sim}{B}_1)$, 则 $X_1 = X_2$ 且 $\underset{\sim}{B}_1 = \underset{\sim}{B}_2$, 即

$$(X_1, \underset{\sim}{B}_1) = (X_2, \underset{\sim}{B}_2);$$

最后, 如果 $(X_1, \underset{\sim}{B}_1) \preccurlyeq (X_2, \underset{\sim}{B}_2)$, $(X_2, \underset{\sim}{B}_2) \preccurlyeq (X_3, \underset{\sim}{B}_3)$, 则 $X_1 \subseteq X_2 \subseteq X_3$ 且 $\underset{\sim}{B}_3 \subseteq \underset{\sim}{B}_2 \subseteq \underset{\sim}{B}_1$, 因此 $(X_1, \underset{\sim}{B}_1) \preccurlyeq (X_3, \underset{\sim}{B}_3)$ 成立.

综上所述 ($\beta(O,P,\underset{\sim}{I}),\preccurlyeq$) 是偏序集.

(4) 因为 $(X_1 \cap X_2, (\underset{\sim}{B_1} \cup \underset{\sim}{B_2})'') \in \beta(O, P, \underset{\sim}{I})$, 又因为 $X_1 \wedge X_2 = X_1 \cap X_2$, 则 $(X_1 \cap X_2, (\underset{\sim}{B_1} \cup \underset{\sim}{B_2})'')$ 显然是 $(X_1, \underset{\sim}{B_1})$ 和 $(X_2, \underset{\sim}{B_2})$ 的最大子概念

类似地, 可以得到有关上确界性相关结果. 因此, $\beta(O, P, \underset{\sim}{I})$ 是一个完备格.

下述算法将描述 $\beta(O, P, \underset{\sim}{I})$ 的生成过程:

设 $K = (O, P, \underset{\sim}{I})$ 是区间中智模糊形式背景, 其中 $|O| = m$ 和 $|P| = n$.

算法 1

输入: 区间中智模糊形式背景 $K = (O, P, \underset{\sim}{I})$.

输出: 区间中智模糊概念格 $\beta(O, P, \underset{\sim}{I})$.

1. 计算对象集 O 的所有子集 $X_i(i = 1, 2, \cdots, 2^m)$;

2. 对每个 X_i, 利用伽罗瓦连接计算相对应的属性集 $\underset{\sim}{B_i}$, 即 $\underset{\sim}{B_i} = X_i'$;

3. 继续利用伽罗瓦连接计算 $\underset{\sim}{B_i'}$. 若 $\underset{\sim}{B_i'} = X_i$, 则 $(X_i, \underset{\sim}{B_i}) \in \beta(O, P, \underset{\sim}{I})$; 若 $\underset{\sim}{B_i'} \supseteq X_i$, 则 $(\underset{\sim}{B_i'}, \underset{\sim}{B_i}) \in \beta(O, P, \underset{\sim}{I})$;

4. 通过偏序关系 "$\preccurlyeq$", 可以得到区间中智模糊概念格 $\beta(O, P, \underset{\sim}{I})$;

下面将通过例 7 来说明算法 1 的实现过程.

例 7　设 $K = (O, P, \underset{\sim}{I})$ 为区间中智模糊形式背景, 其中 $O = \{x_1, x_2, x_3, x_4\}$, $P = \{a, b, c, d\}$, $\underset{\sim}{I}$ 如表 4.6.1 所示, 将根据算法 1 的步骤得出 $\beta(O, P, \underset{\sim}{I})$.

表 4.6.1　区间中智模糊形式背景 $K = (O, P, \underset{\sim}{I})$

	a	b
x_1	$\langle[0.4,0.7],[0.2,0.5],[0.2,0.3]\rangle$	$\langle[0.3,0.5],[0.3,0.7],[0.5,0.8]\rangle$
x_2	$\langle[0.4,0.7],[0.3,0.5],[0.2,0.6]\rangle$	$\langle[0.4,0.5],[0.4,0.9],[0.6,0.9]\rangle$
x_3	$\langle[0.3,0.6],[0.3,0.8],[0.2,0.3]\rangle$	$\langle[0.2,0.4],[0.8,0.9],[0.5,0.8]\rangle$
x_4	$\langle[0.4,0.7],[0.2,0.5],[0.5,0.6]\rangle$	$\langle[0.4,0.5],[0.4,0.6],[0.3,0.8]\rangle$

	c	d
x_1	$\langle[0.3,0.5],[0.4,0.6],[0.1,0.3]\rangle$	$\langle[0.4,0.6],[0.2,0.5],[0.3,0.9]\rangle$
x_2	$\langle[0.3,0.5],[0.4,0.6],[0.2,0.5]\rangle$	$\langle[0.2,0.6],[0.4,0.5],[0.2,0.3]\rangle$
x_3	$\langle[0.2,0.4],[0.4,0.9],[0.3,0.5]\rangle$	$\langle[0.4,0.5],[0.4,0.6],[0.4,0.9]\rangle$
x_4	$\langle[0.4,0.8],[0.4,0.7],[0.3,0.9]\rangle$	$\langle[0.4,0.6],[0.3,0.4],[0.4,0.5]\rangle$

1. 对象集 O 的所有子集如下:

$X_0 = \varnothing, X_1 = \{x_1\}, X_2 = \{x_2\}, X_3 = \{x_3\}, X_4 = \{x_4\}, X_5 = \{x_1, x_2\},$
$X_6 = \{x_1, x_3\}, X_7 = \{x_1, x_4\}, X_8 = \{x_2, x_3\}, X_9 = \{x_2, x_4\}, X_{10} = \{x_3, x_4\},$
$X_{11} = \{x_1, x_2, x_3\}, X_{12} = \{x_1, x_2, x_4\}, X_{13} = \{x_1, x_3, x_4\}, X_{14} = \{x_2, x_3, x_4\},$
$X_{15} = \{x_1, x_2, x_3, x_4\}.$

2. 为简便起见, 取 $X_3 = \{x_3\}$ 来说明该方法的步骤. 利用伽罗瓦连接计算 X_3 对应的属性集 $\underset{\sim}{B}_3$. 即

$$\underset{\sim}{B}_3 = X_3' = \{\langle a, [0.3, 0.6], [0.3, 0.8], [0.2, 0.3]\rangle, \langle b, [0.2, 0.4], [0.8, 0.9], [0.5, 0.8]\rangle,$$
$$\langle c, [0.2, 0.4], [0.4, 0.9], [0.3, 0.5]\rangle, \langle d, [0.4, 0.5], [0.4, 0.6], [0.4, 0.9]\rangle\}.$$

3. 继续利用伽罗瓦连接计算 $B_3' = \{x_1, x_3\} \supseteq X_3$, 所以 $(B_3', \underset{\sim}{B}_3) = (\{x_1, x_3\}, \underset{\sim}{B}_3)$
$\in \beta\,(O,\,P,\,\underset{\sim}{I}).$

类似地, 可以得出所有的区间中智模糊概念, 即 $\beta\,(O,\,P,\,\underset{\sim}{I}).$

$C_0 = (\varnothing, \underset{\sim}{B}_0), C_1 = (\{x_1\}, \underset{\sim}{B}_1), C_2 = (\{x_2\}, \underset{\sim}{B}_2), C_3 = (\{x_1, x_3\}, \underset{\sim}{B}_3),$
$C_4 = (\{x_4\}, \underset{\sim}{B}_4), C_5 = (\{x_1, x_2\}, \underset{\sim}{B}_5), C_6 = (\{x_1, x_4\}, \underset{\sim}{B}_6), C_7 = (\{x_2, x_4\}, \underset{\sim}{B}_7),$
$C_8 = (\{x_1, x_2, x_3\}, \underset{\sim}{B}_8), C_9 = (\{x_1, x_2, x_4\}, \underset{\sim}{B}_9), C_{10} = (\{x_1, x_3, x_4\}, \underset{\sim}{B}_{10}),$
$C_{11} = (\{x_1, x_2, x_3, x_4\}, \underset{\sim}{B}_{11}).$

其中内涵分别为

$\underset{\sim}{B}_0 = \{\langle a, [1, 1], [0, 0], [0, 0]\rangle, \langle b, [1, 1], [0, 0], [0, 0]\rangle,$
$\qquad \langle c, [1, 1], [0, 0], [0, 0]\rangle, \langle d, [1, 1], [0, 0], [0, 0]\rangle\},$

$\underset{\sim}{B}_1 = \{\langle a, [0.4, 0.7], [0.2, 0.5], [0.2, 0.3]\rangle, \langle b, [0.3, 0.5], [0.3, 0.7], [0.5, 0.8]\rangle,$
$\qquad \langle c, [0.3, 0.5], [0.4, 0.6], [0.1, 0.3]\rangle, \langle d, [0.4, 0.6], [0.2, 0.5], [0.3, 0.9]\rangle\},$

$\underset{\sim}{B}_2 = \{\langle a, [0.4, 0.7], [0.3, 0.5], [0.2, 0.6]\rangle, \langle b, [0.4, 0.5], [0.4, 0.9], [0.6, 0.9]\rangle,$
$\qquad \langle c, [0.3, 0.5], [0.4, 0.6], [0.2, 0.5]\rangle, \langle d, [0.2, 0.6], [0.4, 0.5], [0.2, 0.3]\rangle\},$

$\underset{\sim}{B}_3 = \{\langle a, [0.3, 0.6], [0.3, 0.8], [0.2, 0.3]\rangle, \langle b, [0.2, 0.4], [0.8, 0.9], [0.5, 0.8]\rangle,$
$\qquad \langle c, [0.2, 0.4], [0.4, 0.9], [0.3, 0.5]\rangle, \langle d, [0.4, 0.5], [0.4, 0.6], [0.4, 0.9]\rangle\},$

$\underset{\sim}{B}_4 = \{\langle a, [0.4, 0.7], [0.2, 0.5], [0.5, 0.6]\rangle, \langle b, [0.4, 0.5], [0.4, 0.6], [0.3, 0.8]\rangle,$
$\qquad \langle c, [0.4, 0.8], [0.4, 0.7], [0.3, 0.9]\rangle, \langle d, [0.4, 0.6], [0.3, 0.4], [0.4, 0.5]\rangle\},$

$\underset{\sim}{B}_5 = \{\langle a, [0.4, 0.7], [0.3, 0.5], [0.2, 0.6]\rangle, \langle b, [0.3, 0.5], [0.4, 0.9], [0.6, 0.9]\rangle,$

$$\langle c, [0.3, 0.5], [0.4, 0.6], [0.2, 0.5]\rangle, \langle d, [0.2, 0.6], [0.4, 0.5], [0.3, 0.9]\rangle\},$$

$$\underset{\sim}{B}_6 = \{\langle a, [0.4, 0.7], [0.2, 0.5], [0.5, 0.6]\rangle, \langle b, [0.3, 0.5], [0.4, 0.7], [0.5, 0.8]\rangle,$$

$$\langle c, [0.3, 0.5], [0.4, 0.7], [0.3, 0.9]\rangle, \langle d, [0.4, 0.6], [0.3, 0.5], [0.4, 0.9]\rangle\},$$

$$\underset{\sim}{B}_7 = \{\langle a, [0.4, 0.7], [0.3, 0.5], [0.5, 0.6]\rangle, \langle b, [0.4, 0.5], [0.4, 0.9], [0.6, 0.9]\rangle,$$

$$\langle c, [0.3, 0.5], [0.4, 0.7], [0.3, 0.9]\rangle, \langle d, [0.2, 0.6], [0.4, 0.5], [0.4, 0.5]\rangle\},$$

$$\underset{\sim}{B}_8 = \{\langle a, [0.3, 0.6], [0.3, 0.8], [0.2, 0.6]\rangle, \langle b, [0.2, 0.4], [0.8, 0.9], [0.6, 0.9]\rangle,$$

$$\langle c, [0.2, 0.4], [0.4, 0.9], [0.3, 0.5]\rangle, \langle d, [0.2, 0.5], [0.4, 0.6], [0.4, 0.9]\rangle\},$$

$$\underset{\sim}{B}_9 = \{\langle a, [0.4, 0.7], [0.3, 0.5], [0.5, 0.6]\rangle, \langle b, [0.3, 0.5], [0.4, 0.9], [0.6, 0.9]\rangle,$$

$$\langle c, [0.3, 0.5], [0.4, 0.7], [0.3, 0.9]\rangle, \langle d, [0.2, 0.6], [0.4, 0.5], [0.4, 0.9]\rangle\},$$

$$\underset{\sim}{B}_{10} = \{\langle a, [0.3, 0.6], [0.3, 0.8], [0.5, 0.6]\rangle, \langle b, [0.2, 0.4], [0.8, 0.9], [0.5, 0.8]\rangle,$$

$$\langle c, [0.2, 0.4], [0.4, 0.9], [0.3, 0.9]\rangle, \langle d, [0.4, 0.5], [0.4, 0.6], [0.4, 0.9]\rangle\},$$

$$\underset{\sim}{B}_{11} = \{\langle a, [0.3, 0.6], [0.3, 0.8], [0.5, 0.6]\rangle, \langle b, [0.2, 0.4], [0.8, 0.9], [0.6, 0.9]\rangle,$$

$$\langle c, [0.2, 0.4], [0.4, 0.9], [0.3, 0.9]\rangle, \langle d, [0.2, 0.5], [0.4, 0.6], [0.4, 0.9]\rangle\}.$$

4. 得到的 $\beta\,(O,\,P,\,\underset{\sim}{I})$, 如图 4.6.1 所示.

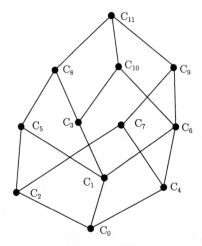

图 4.6.1　由表 4.6.1 所得 $\beta(O,P,\underset{\sim}{I})$

下面讨论区间中智集的区间相似度.

定义 4.6.10　设 INS(X) 是论域 $X = \{x_1, x_2, \cdots, x_n\}$ 上的所有区间中智集, 对于任意的 $\underset{\sim}{A}, \underset{\sim}{B} \in$ INS(X), 定义 $\underset{\sim}{A}$ 和 $\underset{\sim}{B}$ 间的**区间距离**为

$$D(\underset{\sim}{A}, \underset{\sim}{B}) = [d_{\min}(\underset{\sim}{A}, \underset{\sim}{B}), d_{\max}(\underset{\sim}{A}, \underset{\sim}{B})] = [(d_{\inf}(\underset{\sim}{A}, \underset{\sim}{B}) \wedge d_{\sup}(\underset{\sim}{A}, \underset{\sim}{B}), d_{\inf}(\underset{\sim}{A}, \underset{\sim}{B}) \vee d_{\sup}(\underset{\sim}{A}, \underset{\sim}{B})],$$

其中 $d_{\inf}(\underset{\sim}{A}, \underset{\sim}{B})$ 与 $d_{\sup}(\underset{\sim}{A}, \underset{\sim}{B})$ 分别定义如下:

$$d_{\inf}(\underset{\sim}{A}, \underset{\sim}{B}) = \Bigg\{ \frac{1}{3n} \sum_{i=1}^{n} (\inf T_A(x_i) - \inf T_B(x_i))^2 + (\inf H_A(x_i)$$

$$- \inf H_B(x_i))^2 + (\inf F_A(x_i) - \inf F_B(x_i))^2 \Bigg\}^{\frac{1}{2}},$$

$$d_{\sup}(\underset{\sim}{A}, \underset{\sim}{B}) = \Bigg\{ \frac{1}{3n} \sum_{i=1}^{n} (\sup T_A(x_i) - \sup T_B(x_i))^2$$

$$+ (\sup H_A(x_i) - \sup H_B(x_i))^2 + (\sup F_A(x_i) - \sup F_B(x_i))^2 \Bigg\}^{\frac{1}{2}}.$$

注 4.6.11 当

$$\underset{\sim}{A} = \{ \langle x_i, [1,1], [0,0], [0,0] \rangle \,|\, x_i \in X \}, \quad \underset{\sim}{B} = \{ \langle x_i, [0,0], [1,1], [1,1] \rangle \,|\, x_i \in X \}$$

时, $D(\underset{\sim}{A}, \underset{\sim}{B})$ 达到最大值, 即 $D(\underset{\sim}{A}, \underset{\sim}{B}) = \underset{\sim}{1} = [1,1]$;

当 $\underset{\sim}{A} = \underset{\sim}{B}$ 时, $D(\underset{\sim}{A}, \underset{\sim}{B})$ 达到最小值, 即 $D(\underset{\sim}{A}, \underset{\sim}{B}) = \underset{\sim}{0} = [0,0]$.

因此两个区间中智模糊集的区间距离可以看成是 $[0,1]$ 上的区间数, 即 $D(\underset{\sim}{A}, \underset{\sim}{B}) \in D(0,1)$, 用区间距离度量两个区间中智集间的距离更为精确.

例 8 将通过举例说明为什么在 $d_{\inf}(\underset{\sim}{A}, \underset{\sim}{B})$ 和 $d_{\sup}(\underset{\sim}{A}, \underset{\sim}{B})$ 之间采用 " $\wedge$ " 和 " $\vee$ " 两种运算.

有时会出现 $d_{\inf}(\underset{\sim}{A}, \underset{\sim}{B}) > d_{\sup}(\underset{\sim}{A}, \underset{\sim}{B})$ 的情况, 比如当区间中智集 $\underset{\sim}{A}$ 和 $\underset{\sim}{B}$ 分别定义为

$$\underset{\sim}{A} = \{ \langle x_1, [0.1, 0.3], [0.1, 0.3], [0.1, 0.3] \rangle, \underset{\sim}{B} = \{ \langle x_1, [0.2, 0.3], [0.2, 0.3], [0.2, 0.3] \rangle.$$

计算得出

$$d_{\inf}(\underset{\sim}{A}, \underset{\sim}{B}) = \sqrt{\frac{1}{3}[(0.1 - 0.2)^2 + (0.1 - 0.2)^2 + (0.1 - 0.2)^2]} = 0.1,$$

$$d_{\sup}(\underset{\sim}{A}, \underset{\sim}{B}) = \sqrt{\frac{1}{3}[(0.3 - 0.3)^2 + (0.3 - 0.3)^2 + (0.3 - 0.3)^2]} = 0.$$

此时, $d_{\inf}(\underset{\sim}{A}, \underset{\sim}{B}) > d_{\sup}(\underset{\sim}{A}, \underset{\sim}{B})$. 因此 $D(\underset{\sim}{A}, \underset{\sim}{B}) = [0, 0.1]$.

定理 4.6.12 设 $\underset{\sim}{A}, \underset{\sim}{B} \in \text{INS}(X)$, 则区间距离 $D(\underset{\sim}{A}, \underset{\sim}{B})$ 满足如下性质:

(1) $\underset{\sim}{0} \leqslant D(\underset{\sim}{A}, \underset{\sim}{B}) \leqslant \underset{\sim}{1}$.

(2) $D(\underset{\sim}{A}, \underset{\sim}{B}) = D(\underset{\sim}{B}, \underset{\sim}{A})$.

(3) 若 $\underset{\sim}{A} = \underset{\sim}{B}$, 则 $D(\underset{\sim}{A}, \underset{\sim}{B}) = \underset{\sim}{0}$.

(4) 若 $\underset{\sim}{A} \subseteq \underset{\sim}{B} \subseteq \underset{\sim}{C}$, 则 $D(\underset{\sim}{A}, \underset{\sim}{B}) \leqslant D(\underset{\sim}{A}, \underset{\sim}{C})$ 且 $D(\underset{\sim}{B}, \underset{\sim}{C}) \leqslant D(\underset{\sim}{A}, \underset{\sim}{C})$.

证明　根据区间距离的定义, 性质 $(1) \sim (3)$ 显然成立, 我们仅需证明性质 (4).

若 $\underset{\sim}{A} \subseteq \underset{\sim}{B} \subseteq \underset{\sim}{C}$, 则对任意的 $x_i \in X$, 有

$$\inf T_A(x_i) \leqslant \inf T_B(x_i) \leqslant \inf T_C(x_i),$$

$$\sup T_A(x_i) \leqslant \sup T_B(x_i) \leqslant \sup T_C(x_i),$$

$$\inf H_A(x_i) \geqslant \inf H_B(x_i) \geqslant \inf H_C(x_i),$$

$$\sup H_A(x_i) \geqslant \sup H_B(x_i) \geqslant \sup H_C(x_i),$$

$$\inf F_A(x_i) \geqslant \inf F_B(x_i) \geqslant \inf F_C(x_i),$$

$$\sup F_A(x_i) \geqslant \sup F_B(x_i) \geqslant \sup F_C(x_i).$$

进一步, 可以得到

$$(\inf T_A(x_i) - \inf T_B(x_i))^2 \leqslant (\inf T_A(x_i) - \inf T_C(x_i))^2,$$

$$(\sup T_A(x_i) - \sup T_B(x_i))^2 \leqslant (\sup T_A(x_i) - \sup T_C(x_i))^2,$$

$$(\inf H_A(x_i) - \inf H_B(x_i))^2 \leqslant (\inf H_A(x_i) - \inf H_C(x_i))^2,$$

$$(\sup H_A(x_i) - \sup H_B(x_i))^2 \leqslant (\sup H_A(x_i) - \sup H_C(x_i))^2,$$

$$(\inf F_A(x_i) - \inf F_B(x_i))^2 \leqslant (\inf F_A(x_i) - \inf F_C(x_i))^2,$$

$$(\sup F_A(x_i) - \sup F_B(x_i))^2 \leqslant (\sup F_A(x_i) - \sup F_C(x_i))^2.$$

即

$$d_{\inf}(\underset{\sim}{A}, \underset{\sim}{B}) \leqslant d_{\inf}(\underset{\sim}{A}, \underset{\sim}{C}), d_{\sup}(\underset{\sim}{A}, \underset{\sim}{B}) \leqslant d_{\sup}(\underset{\sim}{A}, \underset{\sim}{C}).$$

可得

$$d_{\inf}(\underset{\sim}{A}, \underset{\sim}{B}) \wedge d_{\sup}(\underset{\sim}{A}, \underset{\sim}{B}) \leqslant d_{\inf}(\underset{\sim}{A}, \underset{\sim}{C}) \wedge d_{\sup}(\underset{\sim}{A}, \underset{\sim}{C}),$$

$$d_{\inf}(\underset{\sim}{A}, \underset{\sim}{B}) \vee d_{\sup}(\underset{\sim}{A}, \underset{\sim}{B}) \leqslant d_{\inf}(\underset{\sim}{A}, \underset{\sim}{C}) \vee d_{\sup}(\underset{\sim}{A}, \underset{\sim}{C}).$$

因此

$$d_{\min}(\underset{\sim}{A}, \underset{\sim}{B}) \leqslant d_{\min}(\underset{\sim}{A}, \underset{\sim}{C}), d_{\max}(\underset{\sim}{A}, \underset{\sim}{B}) \leqslant d_{\max}(\underset{\sim}{A}, \underset{\sim}{C}).$$

根据定义 4.6.2(3), 结论 $D(\underset{\sim}{A}, \underset{\sim}{B}) \leqslant D(\underset{\sim}{A}, \underset{\sim}{C})$ 成立.

同理, 结论 $D(\underset{\sim}{B}, \underset{\sim}{C}) \leqslant D(\underset{\sim}{A}, \underset{\sim}{C})$ 也可用类似的证明方法证明.

由于距离往往能推导出相似度的度量方法, 基于距离与相似度的密切关系, 此处在区间距离的基础上提出区间中智集间的区间相似度.

定义 4.6.13 设 $\text{INS}(X)$ 是论域 $X = \{x_1, x_2, \ldots, x_n\}$ 上的所有区间中智集, 对于任意的 $\underset{\sim}{A}, \underset{\sim}{B} \in \text{INS}(X)$, $\underset{\sim}{A}$ 和 $\underset{\sim}{B}$ 间的**区间相似度**定义为

$$\text{SIM}(\underset{\sim}{A}, \underset{\sim}{B}) = [1 - d_{\max}(\underset{\sim}{A}, \underset{\sim}{B}), 1 - d_{\min}(\underset{\sim}{A}, \underset{\sim}{B})].$$

定理 4.6.14 设 $\underset{\sim}{A}, \underset{\sim}{B} \in \text{INS}(X)$, 则区间相似度 $D(\underset{\sim}{A}, \underset{\sim}{B})$ 满足如下性质:

(1) * $\underset{\sim}{0} \leqslant \text{SIM}(\underset{\sim}{A}, \underset{\sim}{B}) \leqslant \underset{\sim}{1}$.

(2) * $\text{SIM}(\underset{\sim}{A}, \underset{\sim}{B}) = \text{SIM}(\underset{\sim}{B}, \underset{\sim}{A})$.

(3) * 若 $\underset{\sim}{A} = \underset{\sim}{B}$, 则 $\text{SIM}(\underset{\sim}{A}, \underset{\sim}{B}) = \underset{\sim}{1}$.

(4) * 若 $\underset{\sim}{A} \subseteq \underset{\sim}{B} \subseteq \underset{\sim}{C}$, 则 $\text{SIM}(\underset{\sim}{A}, \underset{\sim}{C}) \leqslant \text{SIM}(\underset{\sim}{A}, \underset{\sim}{B})$ 且 $\text{SIM}(\underset{\sim}{A}, \underset{\sim}{C}) \leqslant \text{SIM}(\underset{\sim}{B}, \underset{\sim}{C})$.

证明 根据区间相似度的定义, 性质 $(1)^* \sim (3)^*$ 显然成立, 仅需证明性质 $(4)^*$.
若 $\underset{\sim}{A} \subseteq \underset{\sim}{B} \subseteq \underset{\sim}{C}$, 则 $D(\underset{\sim}{A}, \underset{\sim}{B}) \leqslant D(\underset{\sim}{A}, \underset{\sim}{C})$, 即

$$d_{\min}(\underset{\sim}{A}, \underset{\sim}{B}) \leqslant d_{\min}(\underset{\sim}{A}, \underset{\sim}{C}), d_{\max}(\underset{\sim}{A}, \underset{\sim}{B}) \leqslant d_{\max}(\underset{\sim}{A}, \underset{\sim}{C}),$$

进一步

$$1 - d_{\max}(\underset{\sim}{A}, \underset{\sim}{C}) \leqslant 1 - d_{\max}(\underset{\sim}{A}, \underset{\sim}{B}), 1 - d_{\min}(\underset{\sim}{A}, \underset{\sim}{C}) \leqslant 1 - d_{\min}(\underset{\sim}{A}, \underset{\sim}{B}),$$

也就是

$$\begin{aligned} \text{SIM}(\underset{\sim}{A}, \underset{\sim}{C}) &= [1 - d_{\max}(\underset{\sim}{A}, \underset{\sim}{C}), 1 - d_{\min}(\underset{\sim}{A}, \underset{\sim}{C})] \leqslant [1 - d_{\max}(\underset{\sim}{A}, \underset{\sim}{B}), \\ &\quad 1 - d_{\min}(\underset{\sim}{A}, \underset{\sim}{B})] \\ &= \text{SIM}(\underset{\sim}{A}, \underset{\sim}{B}) \end{aligned}$$

因此, 结论 $\text{SIM}(\underset{\sim}{A}, \underset{\sim}{C}) \leqslant \text{SIM}(\underset{\sim}{A}, \underset{\sim}{B})$ 得证.

同理, 用类似的证明方法, 可证明结论 $\text{SIM}(\underset{\sim}{A}, \underset{\sim}{C}) \leqslant \text{SIM}(\underset{\sim}{B}, \underset{\sim}{C})$ 同样成立.

因为两个区间中智集间的区间相似度也可以看成是 $[0, 1]$ 上的区间数, 即 $\text{SIM}(\underset{\sim}{A}, \underset{\sim}{B}) \in D(0, 1)$, 用户可能希望在某个确定的相似度范围内, 找到一些与目标概念相似的区间中智模糊概念, 此处用区间数间的包含度来表示满足相似度范围的程度. 因此, 首先给出区间数的集合运算.

定义 4.6.15 设 $D_1 = [a^-, a^+]$, $D_2 = [b^-, b^+] \in D(0, 1)$, 且满足 $a^- \vee b^- \leqslant a^+ \wedge b^+$, 则

(1) $D_3 = D_1 \cap D_2 = [a^- \vee b^-, a^+ \wedge b^+]$.

(2) $D_4 = D_1 \cup D_2 = [a^- \wedge b^-, a^+ \vee b^+]$.

(3) $D_1 \subseteq D_2 \Longleftrightarrow a^- \geqslant b^-$ 且 $a^+ \leqslant b^+$.

(4) $D_1^c = [1 - a^+, 1 - a^-]$.

定义 4.6.16 设 $D_1 = [a^-, a^+]$, $D_2 = [b^-, b^+]$ 是区间数, 且满足 $a^- \vee b^- \leqslant a^+ \wedge b^+$, 则区间数 D_1 与 D_2 的**包含度**定义为

$$\mathrm{Cl}\,(D_1, D_2) = \frac{|D_1 \cap D_2|}{|D_1|},$$

其中 $|D_1| = a^+ - a^-$.

若 $a^- \vee b^- > a^+ \wedge b^+$, 则 $\mathrm{Cl}(D_1, D_2) = 0$.

注 4.6.17 两个区间数的交集的范围越大 (小), 则对应得包含度越高 (低). 当 $D_1 \subseteq D_2$ 时, $\mathrm{Cl}(D_1, D_2) = 1$.

下面的定理表示包含度在一定程度上可以反映区间数的包含关系.

定理 4.6.18 设 D_1, D_2, D_3 是区间数, 则包含度具有如下性质:

(1) $0 \leqslant \mathrm{Cl}\,(D_1, D_2) \leqslant 1$.

(2) $D_1 \subseteq D_2 \Longrightarrow \mathrm{Cl}\,(D_1, D_2) = 1$.

(3) $D_1 \subseteq D_2 \subseteq D_3 \Longrightarrow \mathrm{Cl}\,(D_3, D_1) \leqslant \mathrm{Cl}\,(D_2, D_1)$.

证明 为简便起见, 记 $D_1 = [a^-, a^+]$, $D_2 = [b^-, b^+]$, $D_3 = [c^-, c^+]$.

(1) 若 $a^- \vee b^- \geqslant a^+ \wedge b^+$, 则根据定义 4.6.16 得 $\mathrm{Cl}\,(D_1, D_2) = 0$; 当 $D_1 \subseteq D_2$ 时,

$$D_1 \cap D_2 = [a^- \vee b^-, a^+ \wedge b^+] = [a^-, a^+],$$

则

$$\mathrm{Cl}\,(D_1, D_2) = \frac{|D_1 \cap D_2|}{|D_1|} = \frac{|D_1|}{|D_1|} = 1;$$

当 $a^- \vee b^- < a^+ \wedge b^+$ 时, 则 $0 < \mathrm{Cl}\,(D_1, D_2) < 1$. 因此 $0 \leqslant \mathrm{Cl}\,(D_1, D_2) \leqslant 1$.

(2) 当 $D_1 \subseteq D_2$ 时,

$$D_1 \cap D_2 = [a^- \vee b^-, a^+ \wedge b^+] = [a^-, a^+],$$

则 $\mathrm{Cl}(D_1, D_2) = \dfrac{|D_1 \cap D_2|}{|D_1|} = \dfrac{|D_1|}{|D_1|} = 1$

(3) 当 $D_1 \subseteq D_2 \subseteq D_3$ 时, 根据定义 4.6.16 得

$$\mathrm{Cl}\,(D_3, D_1) = \frac{|D_3 \cap D_1|}{|D_3|} = \frac{|D_1|}{|D_3|} \leqslant \frac{|D_1|}{|D_2|} = \frac{|D_2 \cap D_1|}{|D_2|} = \mathrm{Cl}\,(D_2, D_1).$$

例 9 由于此处定义的是区间中智集的区间相似度, 因此在寻找相似概念时, 仅考虑的是区间中智模糊概念的内涵, 而不考虑其外延.

设 $K = (O, P, \underset{\sim}{I})$ 为区间中智模糊形式背景, 其中 $O = \{x_1, x_2, x_3, x_4\}$, $P = \{a, b, c, d\}$, $\underset{\sim}{I}$ 如表 4.6.1 所示. 假定相似度范围是 $\alpha = [0.837, 0.879]$, 目标概念为 $(X^*, \underset{\sim}{B}^*)$, 其中

$$\underset{\sim}{B}^* = \{\langle a, [0.3, 0.5], [0.4, 0.6], [0.3, 0.7]\rangle, \langle b, [0.3, 0.6], [0.5, 0.7], [0.5, 0.7]\rangle,$$

$\langle c, [0.4, 0.6], [0.2, 0.3], [0.4, 0.8]\rangle, \langle d, [0.2, 0.5] [0.4, 0.6], [0.2, 0.7]\rangle\}.$

为了便于观察, 表 4.6.2 给出 $\underset{\sim}{B}^*$ 和 $\underset{\sim}{B}_i (i = 0, 1, 2, \ldots, 11)$ 间的区间距离 $D(\underset{\sim}{B}_i, \underset{\sim}{B}^*)$、区间相似度 $\mathrm{SIM}(\underset{\sim}{B}_i, \underset{\sim}{B}^*)$ 以及区间相似度与 α 之间的包含度 $\mathrm{Cl}(\mathrm{SIM}(\underset{\sim}{B}_i, \underset{\sim}{B}^*), \alpha)$.

通过表 4.6.2 可知: 在给定的相似度范围内, 与 $\underset{\sim}{B}^*$ 最为相似的是 $\underset{\sim}{B}_6$, 其次分别是 $\underset{\sim}{B}_9, \underset{\sim}{B}_7, \underset{\sim}{B}_5$.

将这里的成果与已知著名的方法比较如下, 叶 (Ye)(2014) 利用加权欧几里得距离提出区间中智集之间的相似度, 我们分别运用此处方法与 Ye(2014) 的方法, 两种方法得出的最终结果如表 4.6.3 所示.

在给定的相似度范围 $\alpha = [0.837, 0.879]$ 下, 运用 Ye(2014) 的方法, 可得 $\underset{\sim}{B}_5$, $\underset{\sim}{B}_6$, $\underset{\sim}{B}_7$ 和 $\underset{\sim}{B}_9$ 都与 $\underset{\sim}{B}^*$ 相似.

表 4.6.2 概念之间的距离、相似度、包含度

$D(\underset{\sim}{B}_i, \underset{\sim}{B}^*)$	$\mathrm{SIM}(\underset{\sim}{B}_i, \underset{\sim}{B}^*)$	$\mathrm{Cl}(\mathrm{SIM}(\underset{\sim}{B}_i, \underset{\sim}{B}^*), \alpha)$
$D(\underset{\sim}{B}_0, \underset{\sim}{B}^*) = [0.510, 0.593]$	$\mathrm{SIM}(\underset{\sim}{B}_0, \underset{\sim}{B}^*) = [0.407, 0.490]$	$\mathrm{Cl}(\mathrm{SIM}(\underset{\sim}{B}_0, \underset{\sim}{B}^*), \alpha) = 0.00$
$D(\underset{\sim}{B}_1, \underset{\sim}{B}^*) = [0.165, 0.230]$	$\mathrm{SIM}(\underset{\sim}{B}_1, \underset{\sim}{B}^*) = [0.770, 0.835]$	$\mathrm{Cl}(\mathrm{SIM}(\underset{\sim}{B}_1, \underset{\sim}{B}^*), \alpha) = 0.00$
$D(\underset{\sim}{B}_2, \underset{\sim}{B}^*) = [0.111, 0.208]$	$\mathrm{SIM}(\underset{\sim}{B}_2, \underset{\sim}{B}^*) = [0.792, 0.889]$	$\mathrm{Cl}(\mathrm{SIM}(\underset{\sim}{B}_2, \underset{\sim}{B}^*), \alpha) = 0.43$
$D(\underset{\sim}{B}_3, \underset{\sim}{B}^*) = [0.155, 0.180]$	$\mathrm{SIM}(\underset{\sim}{B}_3, \underset{\sim}{B}^*) = [0.820, 0.845]$	$\mathrm{Cl}(\mathrm{SIM}(\underset{\sim}{B}_3, \underset{\sim}{B}^*), \alpha) = 0.32$
$D(\underset{\sim}{B}_4, \underset{\sim}{B}^*) = [0.155, 0.262]$	$\mathrm{SIM}(\underset{\sim}{B}_4, \underset{\sim}{B}^*) = [0.738, 0.845]$	$\mathrm{Cl}(\mathrm{SIM}(\underset{\sim}{B}_4, \underset{\sim}{B}^*), \alpha) = 0.07$
$D(\underset{\sim}{B}_5, \underset{\sim}{B}^*) = [0.111, 0.182]$	$\mathrm{SIM}(\underset{\sim}{B}_5, \underset{\sim}{B}^*) = [0.818, 0.889]$	$\mathrm{Cl}(\mathrm{SIM}(\underset{\sim}{B}_5, \underset{\sim}{B}^*), \alpha) = 0.59$
$D(\underset{\sim}{B}_6, \underset{\sim}{B}^*) = [0.144, 0.163]$	$\mathrm{SIM}(\underset{\sim}{B}_6, \underset{\sim}{B}^*) = [0.837, 0.856]$	$\mathrm{Cl}(\mathrm{SIM}(\underset{\sim}{B}_6, \underset{\sim}{B}^*), \alpha) = 1.00$
$D(\underset{\sim}{B}_7, \underset{\sim}{B}^*) = [0.125, 0.180]$	$\mathrm{SIM}(\underset{\sim}{B}_7, \underset{\sim}{B}^*) = [0.820, 0.875]$	$\mathrm{Cl}(\mathrm{SIM}(\underset{\sim}{B}_7, \underset{\sim}{B}^*), \alpha) = 0.69$
$D(\underset{\sim}{B}_8, \underset{\sim}{B}^*) = [0.158, 0.243]$	$\mathrm{SIM}(\underset{\sim}{B}_8, \underset{\sim}{B}^*) = [0.757, 0.842]$	$\mathrm{Cl}(\mathrm{SIM}(\underset{\sim}{B}_8, \underset{\sim}{B}^*), \alpha) = 0.05$
$D(\underset{\sim}{B}_9, \underset{\sim}{B}^*) = [0.122, 0.180]$	$\mathrm{SIM}(\underset{\sim}{B}_9, \underset{\sim}{B}^*) = [0.820, 0.878]$	$\mathrm{Cl}(\mathrm{SIM}(\underset{\sim}{B}_9, \underset{\sim}{B}^*), \alpha) = 0.70$
$d(\underset{\sim}{B}_{10}, \underset{\sim}{B}^*) = [0.163, 0.223]$	$\mathrm{SIM}(\underset{\sim}{B}_{10}, \underset{\sim}{B}^*) = [0.777, 0.837]$	$\mathrm{Cl}(\mathrm{SIM}(\underset{\sim}{B}_{10}, \underset{\sim}{B}^*), \alpha) = 0.00$
$D(\underset{\sim}{B}_{11}, \underset{\sim}{B}^*) = [0.155, 0.229]$	$\mathrm{SIM}(\underset{\sim}{B}_{11}, \underset{\sim}{B}^*) = [0.771, 0.845]$	$\mathrm{Cl}(\mathrm{SIM}, \underset{\sim}{B}_{11}, \underset{\sim}{B}^*), \alpha) = 0.10$

表 4.6.3 不同方法的比较

此处方法	Ye 的文献方法
$\mathrm{Cl}(\mathrm{SIM}(\underset{\sim}{B}_6, \underset{\sim}{B}^*), \alpha) = 1.00$	$S(\underset{\sim}{B}_6, \underset{\sim}{B}^*) = 0.846$
$\mathrm{Cl}(\mathrm{SIM}(\underset{\sim}{B}_9, \underset{\sim}{B}^*), \alpha) = 0.70$	$S(\underset{\sim}{B}_9, \underset{\sim}{B}^*) = 0.846$
$\mathrm{Cl}(\mathrm{SIM}(\underset{\sim}{B}_7, \underset{\sim}{B}^*), \alpha) = 0.69$	$S(\underset{\sim}{B}_7, \underset{\sim}{B}^*) = 0.845$
$\mathrm{Cl}(\mathrm{SIM}(\underset{\sim}{B}_5, \underset{\sim}{B}^*), \alpha) = 0.59$	$S(\underset{\sim}{B}_5, \underset{\sim}{B}^*) = 0.849$

4.6.2　基于有向图探索模糊形式背景属性约简之方法

模糊形式背景的属性约简可使概念格的结构更加简便, 从而有利于知识的获取. 这里将首先基于模糊经典概念的定义, 提出有向图并给出此图相应的关联矩阵. 其次, 通过对有向图的分析, 给出模糊形式背景中模糊经典概念和交不可约元的判断定理. 根据属性的重要性, 将属性分为三类: 核心属性、相对必要属性和不必要属性, 进而结合生成的有向图, 给出属性特征的判断定理和相应的算法, 在此基础之上, 提出模糊经典概念格中属性约简的算法. 最后, 实例分析表明属性约简算法的可行性和有效性.

首先, 将给出后文涉及的有关经典形式背景中的一些基本定义.

定义 4.6.19　设 $L = (L, \wedge, \vee, \otimes, \longrightarrow, 0, 1)$ 为**完备剩余格**(complete residuated lattice), 即

(1) $(L, \wedge, \vee, 0, 1)$ 为完备格, 0, 1 分别表示最小元和最大元.

(2) $(L, \otimes, 0, 1)$ 是可交换半群, 对任意 $a \in L$, 有 $a \otimes 1 = 1 \otimes a = a$.

(3) $(\otimes \rightarrow)$ 为 L 上的伴随对, 即对任意的 $x, y, z \in L$ 有 $x \otimes y \Longleftrightarrow x \leqslant y \rightarrow z$.

例 10　设 $(O, P, \underset{\sim}{I})$ 是一个模糊形式背景. 其中 $O = \{x_1, x_2, x_3, x_4, x_5\}$, $P = \{a, b, c, d, e, h\}$, 其模糊关系 $\underset{\sim}{I}$ 见表 4.6.4.

表 4.6.4　模糊形式背景

O	P					
	a	b	c	d	e	h
x_1	0.5	0.7	0.7	0.5	0.7	0.5
x_2	0.6	0.7	1.0	0.5	1.0	0.6
x_3	1.0	0.9	1.0	0.1	1.0	0.9
x_4	1.0	0.9	0.9	0.1	0.9	0.9
x_5	1.0	0.9	0.9	0.1	0.9	0.9

例 11 (续例 10)　根据例 10, 可求得全部模糊–经典形式概念 (表 4.6.5), 模糊–经典概念格记为 $\beta(O, P, \underset{\sim}{I})$(图 4.6.2).

定义 4.6.20　设数学结构 $G = (V, E, \varphi)$ 为一个图, V 为非空集合, φ 是 E 到 E 一个映射, 则称 G 是一个以 V 为顶点集合, 以 E 为边集合的**有向图**, V 中的元素为图 G 的**顶点**, E 中的元素为图 G 的**边**, φ 称为 G 的**关联函数**. 若 $\varphi(e) = (u, v), e \in E, (u, v) \in V \times V$, 则简写 $e = uv$; 称 u 是有向边 e 的**尾**, v 为有向边 e 的**头**.

表 4.6.5　由表 4.6.4 得到的模糊–经典概念

	(对象集, 属性集)
C_1	$(\{(x_1, 1.0), (x_2, 1.0), (x_3, 1.0), (x_4, 0.9), (x_5, 0.9)\}, \varnothing)$
C_2	$(\{(x_1, 0.7), (x_2, 1.0), (x_3, 1.0), (x_4, 0.9), (x_5, 0.9)\}, \{c, e\})$
C_3	$(\{(x_1, 0.7), (x_2, 0.7), (x_3, 0.9.0), (x_4, 0.9), (x_5, 0.9)\}, \{b, c, e\})$
C_4	$(\{(x_1, 0.5), (x_2, 0.6), (x_3, 1.0), (x_4, 1.0), (x_5, 1.0)\}, \{a\})$
C_5	$(\{(x_1, 0.5), (x_2, 0.6), (x_3, 1.0), (x_4, 0.9), (x_5, 0.9)\}, \{a, c, e\})$
C_6	$(\{(x_1, 0.5), (x_2, 0.5), (x_3, 0.9), (x_4, 0.9), (x_5, 0.9)\}, \{a, b, c, e, h\})$
C_7	$(\{(x_1, 0.5), (x_2, 0.5), (x_3, 0.1), (x_4, 0.1), (x_5, 0.1)\}, \{a, b, c, d, e, h\})$

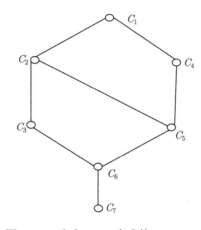

图 4.6.2　由表 4.6.5 生成的 $\beta(O, P, \underset{\sim}{I})$

定义 4.6.21　在顶点交错链 $P = v_0 e_1 v_1 e_2 \cdots e_k v_k$ 中, $v_i \in V(G)$, $i = 0, 1, 2$, $\cdots, k$, $e_j \in V(G)$, $j = 1, 2, \cdots, k$, 且 $e_i = v_{i-1} v_i$, 则称 P 是图 G 的一条**路**, 这里允许 $v_i = v_j$ 或 $e_i = e_j (i \neq j)$. 称 v_0 是 P 的**起点**, v_k 为 P 的**终点**, k 为**路长**. 各边相异的道路称为**行迹**, 各项相异的道路称为**轨道**, 起点和终点重合的轨道称为**圈**.

　　下面讨论基于有向图的属性约简. 先结合图论理论给出有向图的定义和相应的性质.

定义 4.6.22　设 $(O, P, \underset{\sim}{I})$ 是一个模糊形式背景.

(1) 称 $G(O, P, \underset{\sim}{I})$ 表示模糊形式背景 $(O, P, \underset{\sim}{I})$ 的有向图当且仅当 P 为有向图 $G(O, P, \underset{\sim}{I})$ 的顶点集合, $G(O, P, \underset{\sim}{I})$ 中的边定义如下: 任取 $a, b \in P$,

(i) 若对所有的 $x \in O$, $\underset{\sim}{I}(x, a) = \underset{\sim}{I}(x, b)$, 则 $a \longleftrightarrow b$;

(ii) 若对所有的 $x \in O$, $\underset{\sim}{I}(x, a) \leqslant \underset{\sim}{I}(x, b)$, 则 $a \longrightarrow b$.

(2) 关联矩阵 $D(G(O, P, \underset{\sim}{I}))$ 的定义如下:

$$l\left(v_i, v_j\right) = \begin{cases} 1, & v_i \to v_j, \\ -1, & v_i \leftarrow v_j, \\ 0, & 其他. \end{cases}$$

对 $v_i \longleftrightarrow v_j$ 恒有 $l\left(v_i, v_j\right) = l\left(v_j, v_i\right) = 1$.

(3) $N^+\left(v_i\right) = \{v_j \in P \mid v_i \to v_j\}$; $N\left(v_i\right) = \{v_j \in P \mid v_i \longleftrightarrow v_j\}$.

用有向图表示模糊形式背景中部分信息, $|\cdot|$ 表示集合的基数.

例 12 (续例 10) 给出表 4.6.4 生成的有向图和关联矩阵.

解 由定义 4.6.22 可得有向图 $G(O, P, \underset{\sim}{I})$(图 4.6.3), 且关联矩阵 $\boldsymbol{D}(G(O, P, \underset{\sim}{I}))$ 为

$$\boldsymbol{D}(G(O, P, \underset{\sim}{I})) = \begin{bmatrix} 1 & 0 & 0 & -1 & 0 & -1 \\ 0 & 1 & 1 & -1 & 1 & -1 \\ 0 & -1 & 1 & -1 & 1 & -1 \\ 1 & 1 & 1 & 1 & 1 & 1 \\ 0 & -1 & 1 & -1 & 1 & -1 \\ 1 & 1 & 1 & -1 & 1 & 1 \end{bmatrix}.$$

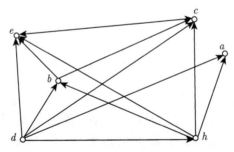

图 4.6.3 表 4.6.4 的有向图 $G(O, P, \underset{\sim}{I})$

引理 4.6.23 设 $(O, P, \underset{\sim}{I})$ 是一个模糊形式背景, 任取 $a \in P$ 有

$$f\left(N^+\left(a\right)\right)\left(x\right) = f\left(a\right)\left(x\right), \forall x \in O;$$

$$f\left(N\left(a\right)\right)\left(x\right) = f\left(a\right)\left(x\right), \forall x \in O,$$

其中 $f(a)$ 为 $f(\{a\})$ 的简写.

证明 由定义 4.6.22(3) 知

$$N^+(a) = \{b \in P \mid a \to b\}, 即 \forall x \in O, \underset{\sim}{I}(x, a) \leqslant \underset{\sim}{I}(x, b);$$

$$N(a) = \{b \in P | a \leftrightarrow b\}, \text{即} \forall x \in O, \underline{I}(x,a) = \underline{I}(x,b).$$

由定义 4.5.14 和性质 4.5.15 可知

$$f\left(N^+(a)\right)(x) = \wedge_{b \in N^+(a)} \underline{I}(x,b) = f(a)(x), \quad \forall x \in O;$$

$$f\left(N(a)\right)(x) = \wedge_{b \in N(a)} \underline{I}(x,b) = f(a)(x), \forall x \in O,$$

故等式成立.

定理 4.6.24 设 $(O, P, \underline{I})$ 是一个模糊形式背景. 任取 $a \in P$, 则 $(f(a), N^+(a) \cup N(a))$ 是一个模糊-经典概念, 且 $g \circ f(a) = N^+(a) \cup N(a)$.

证明 由引理 4.6.23 可知

$$g \circ f(N^+(a) \cup N(a)) = g \circ \left(f(N^+(a)) \cap f(N(a))\right) = g \circ f(a).$$

由性质 4.5.15(ii) 可知

$$N^+(a) \cup N(a) \subseteq g \circ f(N^+(a) \cup N(a)) = g \circ f(a) \tag{4.1}$$

任取 $b \in g \circ f(N^+(a) \cup N(a))$, 可知 $f(a) = f \circ g \circ f(N^+(a) \cup N(a)) \subseteq f(b)$, 即

$$f(b) \supseteq f(a) \Longrightarrow \underline{I}(x,b) \geqslant \underline{I}(x,a), \quad \forall x \in O.$$

故 $b \in N^+(a)$, 即 $N^+(a) \cup N(a) \supseteq g \circ f(N^+(a) \cup N(a))$. $\tag{4.2}$

故由性质 4.5.15(i) 和 (iii) 可得

$$g \circ f(N^+(a) \cup N(a)) = g \circ f(a) = N^+(a) \cup N(a),$$

即 $(f(a), N^+(a) \cup N(a))$ 是一个模糊-经典概念.

定义 4.6.25 设 L 是一个有限格, 对任意的 $a \in L$, 若 $a \neq \wedge\{x \in L | a < x\}$, 称 a 为**交不可约元**.

引理 4.6.26 设 L 为一个有限格, 则 L 中的每个元一定是一些交不可约元的交.

定理 4.6.27 设 $(O, P, \underline{I})$ 是一个模糊形式背景, 任取 $a \in R$, 若 $|N^+(a)| \leqslant 1$, 则 $(f(a), N^+(a) \cup N(a))$ 是 $\beta(O, P, \underline{I})$ 中的交不可约元.

证明 由 $|N^+(a)| \leqslant 1$ 可知, $|N^+(a)| = 0$ 或 $|N^+(a)| = 1$.

若 $|N^+(a)| = 0$ 知, 则对于所有的对象 $x \in O$, 没有属性 $b \in P$, 使得 $\tilde{I}(x,a) \leqslant \tilde{I}(x,b)$. 由交不可约元的定义知 $(f(a), N^+(a) \cup N(a))$ 为交不可约元.

若 $|N^+(a)| = 1$ 知, 则对所有的对象 $x \in O$, 有唯一属性 $b \in p$, 使得 $\underline{I}(x,a) \leqslant \underline{I}(x,b)$. 由定义 4.6.22 知, $f(a) \leqslant f(b)$, 即 $(f(a), N^+(a) \cup N(a)) \leqslant (f(b), N^+(b) \cup N(b))$. 由交不可约元的定义知 $(f(a), N^+(a) \cup N(a))$ 是交不可约元.

定理 4.6.28　设 (O, P, I) 是一个模糊形式背景. 任取 $a \in R$, 若 $|N^+(a)| = \{b_1,$ $b_2, \cdots, b_n\} > 1$ 且 $\bigcap_{i=1}^{n} f(b_i) \neq f(a)$, 则 $(f(a), N^+(a) \cup N(a))$ 是 $\beta(O, P, I)$ 中的交不可约元.

证明　由 $|N^+(a)| = |\{b_1, b_2, \cdots, b_n\}| > 1$ 可知, $N^+(a) = \{b_1, b_2, \cdots, b_n\} > 1, n > 1$ 且 $f(b_1) > f(a), \cdots, f(b_n) > f(a)$, 即对所有的 $i = 1, 2, \cdots n$, 有 $(f(a), N^+(a) \cup N(a)) < (f(b), N^+(b) \cup N(b))$. 又因 $\bigcap_{i=1}^{n} f(b_i) \neq f(a)$, 则

$$\bigcap_{i=1}^{n} (f(b_i), N^+(b_i) \cup N(b_i)) \neq (f(a), N^+(a) \cup N(a)).$$

由交不可约元定义知 $(f(a), N^+(a) \cup N(a))$ 是交不可约元.

例 13 (续例 11)　求模糊形式背景 (O, P, I) 中的交不可约元.

解　$|N^+(a)| = |\varnothing| = 0$,　$|N^+(c)| = |\varnothing| = 0$,　$|N^+(e)| = |\varnothing| = 0$, 由定理 4.6.27 可知

$$(f(a), N^+(a) \cup N(a)) = (f(a), \{a\}) \text{和} (f(c), N^+(c) \cup N(c)) = (f(c), \{c, e\})$$

是 $\beta(O, P, I)$ 中的交不可约元.

由于

$$|N^+(b)| = |\{c, e\}| = 2 \text{且} f(c) \cap f(e) \neq f(b),$$
$$|N^+(d)| = |\{a, b, c, e, h\}| = 5 \text{且} f(a) \cap f(b) \cap f(c) \cap f(e) \cap f(h) \neq f(d),$$
$$|N^+(h)| = |\{a, b, c, e\}| = 4 \text{且} f(a) \cap f(b) \cap f(c) \cap f(e) = f(h),$$

则由定理 4.6.28 可知

$$(f(b), N^+(b) \cup N(b)) = (f(b), \{b, c, e\}) \text{和} (f(d), N^+(d) \cup N(d))$$
$$(f(d), N^+(d) \cup N(d)) = (f(d), \{a\,b\,c\,d\,e\,h\}).$$

是 $\beta(O, P, I)$ 中的交不可约元.

下面给出根据有向图探索属性特征的方法, 具体如下:

根据模糊形式背景中属性的重要性, 可将属性分为三种: 核心属性, 相对必要属性以及不必要属性. 结合有向图的特征, 给出属性特征的判断定理.

在模糊形式背景 (O, P, I) 中, 用 Q_P 表示模糊–经典概念中所有交不可约元的集合. 用 Q_P^E 表示所有交不可约元外延的集合.

定义 4.6.29　设 (O, P, I) 是一个模糊形式背景, 任取 $a \in P$, 若 $Q_{P-\{a\}}^E \neq Q_P^E$, 则 a 是 $\beta(O, P, I)$ 中的**核心属性**; 若 $Q_{P-\{a\}}^E = Q_P^E$ 且 $f(a) \in Q_P^E$, 则 a 是 $\beta(O, P, I)$ 中的**相对必要属性**; 若 $Q_{P-\{a\}}^E = Q_P^E$ 且 $f(a) \notin Q_P^E$, 则 a 是 $\beta(O, P, I)$ 中的**不必要属性**.

定理 4.6.30 设 $(O, P, \underline{I})$ 是一个模糊形式背景, 任取 $a \in P$, 若 $|N^+(a)| = |\{b_1, b_2, \cdots, b_n\}| > 1$ 且 $\bigcap_{i=1}^n f(b_i) = f(a)$, 则 a 是 $\beta(O, P, \underline{I})$ 中的不必要属性.

证明 由 $|N^+(a)| = |\{b_1, b_2, \cdots, b_n\}| > 1$ 且 $\bigcap_{i=1}^n f(b_i) = f(a)$, 则由定理 4.6.28 可知 $(f(a), N^+(a) \cup N(a))$ 不是交不可约元, 即 $f(a) \notin Q_P^E$. 从而, 由定义 4.6.29 可知 a 是模糊–经典概念格中的不必要属性.

结合有向图和判断定理 4.6.30, 给出不必要属性的计算算法 2, 其时间复杂度为 $O\left(\dfrac{|P|^2}{2}|O|\right)$.

算法 2 Computing the unnecessary attribute set of $\beta(O, P, \underline{I})$

Input:　　A formal fuzzy context $(O, P, \underline{I})$;

Output:　P_u // the relatively necessary attribute set;

1: Initialize　$P_u \leftarrow \varnothing$;

2: Compute the family set $\{N^+(a): a \in P\}$;

3: for each $a \in P$ do

4:　　Compute $|N^+(a)| = |\{b_1, b_2, \cdots, b_n\}|$;

5:　　if $|N^+(a)| > 1$ and $\bigcap_{i=1}^n f(b_i) = f(a)$, then

6:　　　$P_u \leftarrow P_u \cup \{a\}$;

7:　　end if

8:　end for

9: retun P_u.

例 14 (续例 13)　根据例 13, 可求得

$$|N^+(b)| = |\{c, e\}| = 2 > 1 \text{且} f(c) \cap f(e) \neq f(b);$$
$$|N^+(d)| = |\{a, b, c, e, h\}| = 5 \text{且} f(a) \cap f(b) \cap f(c) \cap f(e) \cap f(h) \neq f(d);$$
$$|N^+(h)| = |\{a, b, c, e\}| = 4 \text{且} f(a) \cap f(b) \cap f(c) \cap f(e) = f(h);$$

由定理 4.6.30 可得 h 是 $\beta(O, P, \underline{I})$ 中的不必要属性.

定理 4.6.31 设 $(O, P, \underline{I})$ 是一个模糊形式背景, 任取 $a \in P$, 若 $|N^+(a)| \leqslant 1$ 且 $|N(a)| > 1$, 则 a 是 $\beta(O, P, \underline{I})$ 中的相对必要属性.

证明 因 $|N^+(a)| \leqslant 1$, 由定理 4.6.27 可知 $(f(a), N^+(a) \cup N(a))$ 是交不可约元. 又因为 $|N(a)| > 1$, 则存在 $b \in P - \{a\}$, 使得 $f(a) = f(b)$. 故 $f(a) \in Q_P^E$ 且 $Q_{P-\{a\}}^E = Q_P^E$. 由定义 4.6.29 可知 a 是模糊–经典概念格中的相对必要属性.

结合有向图和判断定理 4.6.31, 给出计算相对必要属性的算法 3, 其时间复杂

度为 $O\left(\dfrac{|P|^2}{2}|O|\right)$.

算法 3　Computing the relatively necessary attribute set of β (O, P, I)

Input:　　　A formal fuzzy context (O, P, I);

Output:　　P_r // the relatively necessary attribute set;

1: Initialize　$P_r \leftarrow \varnothing$;

2: Compute the family set$\{N^+(a)$: $a \in P\}$and $\{N(a)$: $a \in P\}$;

3: for each $a \in P$ do

4:　　　Compute $|N^+(a)|$and $|N(a)|$;

5:　　　if $|N^+(a)| \leqslant 1$ and $|N(a)| > 1$ then

6:　　　　　$P_r \leftarrow P_r \cup \{a\}$;

7:　　　end if

8:　　end for

9: return P_r.

　　例 15 (续例 13)　由 $|N^+(c)| = |\phi| = 0$ 且 $N(c) = \{c, e\}$, 由定理 4.6.31 及算法 3 可得 c 是 β (O, P, I) 中的相对必要属性, 同理, e 也是相对必要属性.

　　定理 4.6.32　设 (O, P, I) 是一个模糊形式背景, 任取 $a \in P$, 若 $|N^+(a)| \leqslant 1$ 且 $|N(a)| = 1$, 则 a 是 β (O, P, I) 中的核心属性.

　　证明　因 $|N^+(a)| \leqslant 1$, 由定理 4.6.27 可知 $(f(a), N^+(a) \cup N(a))$ 是交不可约元. 又因 $|N(a)| = 1$, 故不存在 $b \in P - \{a\}$, 使得 $f(a) = f(b)$, 即 $f(a) \in Q_P^E$ 且 $Q_{P-\{a\}}^E \neq Q_P^E$. 由定义 4.6.29 可知 a 是模糊–经典概念格中的核心属性.

　　结合有向图和判断定理 4.6.32, 给出计算相对必要属性的算法 4, 其时间复杂度为 $O\left(\dfrac{|P|^2}{2}|O|\right)$.

算法 4　Computing the core attribute set of β (O, P, I)

Input:　　　A formal fuzzy context(O, P, I);

Output:　　P_c// the core attribute set;

1: Initialize $P_c \leftarrow \varnothing$;

2: Compute the family set$\{N^+(a)$: $a \in P\}$and

$\{N(a)$: $a \in P\}$;

3: for each $a \in P$ do

4:         Compute $|N^+(a)|$ and $|N(a)|$;

5:         if $|N^+(a)|\leqslant 1$ and $|N(a)|=1$ then

6:            $P_c \leftarrow P_c\cup\{a\}$;

            else if $|N^+(a)|>1$, $\bigcap_{i=1}^n f(b_i) \neq f(a)$ and $|N(a)|=1$

            $P_c \leftarrow P_c \cup\{a\}$;

7:         end if

8:         end for

9: return P_c.

例 16 (续例 13)   由 $|N^+(a)| = |\phi| = 0$ 且 $|N(a)| = 1$, 故 a 为核心属性.
由 $|N^+(b)| = |\{c,e\}| = 2$ 且 $f(c)\cap f(e) \neq f(b)$, $|N(b)| = 1$;
由 $|N^+(d)| = |\{a,b,c,e,h\}| = 5$ 且 $f(a)\cap f(b)\cap f(c)\cap f(e)\cap f(h) \neq f(d)$, $|N(d)| = 1$, 故 b, d 是 $\beta(O, P, \underset{\sim}{I})$ 中的核心属性.

之后, 讨论模糊形式背景中属性约简方法以及算法过程. 通过实例说明该方法的有效性.

设模糊形式背景为 $(O, P, \underset{\sim}{I})$ 是一个模糊形式背景, 文中 $\vee$ 用表示字符的析取, 用 $\wedge$ 表示字符的合取. 分配函数 FK 是一个布尔函数, 其定义如下:

$$\text{FK} = \bigwedge\bigvee_{a\in P-P_u} N(a) = \bigvee_{k=1}^t(\bigwedge_{s=1}^{Z_k} a_s),$$

其中 P_u 是一个不必要属性集合, $\bigwedge_{s=1}^{Z_k} a_s(k \leqslant t)$ 是 FK 的所有的主蕴涵项.

定理 4.6.33   设 $(O, P, \underset{\sim}{I})$ 是一个模糊形式背景, 则一个属性子集 $A \subseteq P$ 是 $\beta(O, P, \underset{\sim}{I})$ 的一个属性约简当且仅当 $\bigwedge_{a\in A} a$ 是分配函数 FK 的主蕴涵.

结合有向图和判断定理 4.6.33, 给出计算相对必要属性的算法 5, 其时间复杂度为 $O\left(\dfrac{|P|^2}{2}|O| + 2^{\frac{|P|}{2}}\right)$.

算法 5   Computing all attribute reduction of $\beta(O, P, \underset{\sim}{I})$

Input: A formal fuzzy context $(O, P, \underset{\sim}{I})$;

Output: Red // the set of attribute reducts of $\beta(O, P, \underset{\sim}{I})$;

1: : Initialize $P_u \leftarrow\emptyset$;

2: Compute the family set$\{N^+(a): a \in R\}$ and $\{N(a): a \in P\}$;

3: for each $a \in P$ do

4:         Compute $|N^+(a)| = |\{b_1,\cdots,b_n\}|$;

5:         if $|N^+(a)|>1$ and $\bigcap_{i=1}^n f(b_i) = f(a)$ then

6:           $P_u \leftarrow P_u \cup \{a\}$;

7   if $|N^+(a)| \leqslant 1$;

8             $P_u \leftarrow P_u$;

9:               end if

          end if

10:    end for

11: Compute $FK = \wedge (\underset{a \in P - P_u}{\vee} N(a))$;

12: Compute $FK = \overset{s}{\underset{k=1}{\vee}} (\overset{q}{\underset{t=1}{\wedge}} a_t)$;

13: set $D_k = \{a_t | t \leqslant q\}$ and Re$d = \{D_k | k \leqslant s\}$;

14: return Red.

例 17 (续例 13、例 14)   可得 h 是 $\beta (O, P, \underset{\sim}{I})$ 中的不必要属性. 结合例 12 的结论, 可得到

$$FK = \bigwedge \bigvee_{a \in P - P_u} N(a) = \wedge \bigvee_{a \in P - \{h\}} N(a) = a \wedge b \wedge d \wedge (c \vee e)$$
$$= (a \wedge b \wedge c \wedge d) \vee (a \wedge b \wedge c \wedge e).$$

故 $\{a, b, c, d\}$ 和 $\{a, b, c, e\}$ 为 $\beta (O, P, \underset{\sim}{I})$ 中的属性约简集合.

值得关注的是模糊图已在许多领域得到了深入研究, 并扮演着重要的地位. 用模糊图探索模糊形式背景中属性约简之方法是一个有意义的研究问题.

习 题 4

1. 设 $A = \{a, b\}$, $R = \{(a, a)\}$, R 是否具有反身性? 对称性? 传递性? 反对称性?

2. 设 R_1, R_2 是集合 A 的两个等价关系, $R_1 \cap R_2$ 是不是 A 的二元关系? $R_1 \cup R_2$ 是不是 A 的二元关系?

3. 证明, 在格的定义中, 幂等律 L1 可由吸收律 L4 导出, 从而 L1 可由格的定义中取消.

4. 设 $G = S_3$, 作出 $L(G)$ 的哈森示图.

5. 设 S 是一个格, A 是 S 的所有自同态的集合, 证明, A 关于变换的合成做成一个有单位元的半群.

6. 格 L 的一个子集 S 叫做 L 的**凸子格**, 如果 $\forall x, y \in S$, 总有 $[x \wedge y, x \vee y] \subseteq S$, 证明

(1) L 的凸子格一定是 L 的子格.

(2) 对任意子集 $A \subseteq L, A^u$ 及 A^l 都是 L 的凸子格.

此处, $A^u = \{x \in L \mid \forall a \in A, a \leqslant x\}$, $A^l = \{x \in L \mid \forall a \in A, a \geqslant x\}$.

7. 举出两个仅含有 6 个元的格, 一个是分配格, 另一个不是分配格.

8. 设 S 是一个集合, 画出 $(\wp(S), \subseteq)$ 的哈森示图, 并说明 $(\wp(S), \subseteq)$ 为一个完备格.

9. 设 $\mathbf{R}$ 是所有实数的集合, 证明 $\mathbf{R}$ 关于通常的大小关系 $\leqslant$ 是一个格, 但不是完备格.

10. 画出 5 个元素构成的格的所有可能的格, 分别找出它们的 $\vee$- 不可约元素和 $\wedge$- 不可约元素.

11. 证明 (1) 一个群的所有子群的集合是闭包系统.

(2) 一个集合 S 上的所有等价关系的集合是闭包系统.

12. 证明每一个元素都是唯一补元的模格是布尔格.

13. 对于布尔格 B 以及 $a, b \in B$ 满足 $a \leqslant b$, 证明区间子格 $[a, b]$ 是布尔格.

14. 一个有单位元 1 的环 R, 如果其每一元均为**幂等元**, 即对任意 $a \in R$, 均有 $a^2 = a$, 那么称 R 为**布尔环**.

(1) 证明在布尔环 R 中, 下面等式成立.

$$xy + yx = 0, x + x = 0, xy = yx.$$

(2) 设 B 是一个布尔代数, 在 B 上定义 "+" 和 "$*$" 为

$$x + y := (x \wedge y') \vee (x' \wedge y),$$
$$x * y := x \wedge y.$$

证明 $(B, +, *)$ 是布尔环.

(3) 给定一个布尔环 $(R, +, *)$, 命

$$a \wedge b = a * b,$$
$$a \vee b = a + b + a * b,$$
$$a' = 1 + a,$$

则 $(R, \vee, \wedge, ', 0, 1)$ 做成一个布尔代数.

(4) 证明布尔代数和布尔环之间由 (2) 与 (3) 建立的对应是双射.

15. 表 1 中的形式背景是某些物质物理性质的一览表, 这里的对象是物质, 属性是物理性质, 这个表说明了哪个对象具有哪些性质. 写出该背景的全部概念, 并画出这 15 个概念的哈森示图.

表 1　某些物质的物理性质一览表

	a	b	c	d	e	f	g	h	i
	物质	导电	导热	固定形状	透明	可燃	无固定形状	挥发	可食用
1 水	×				×		×		×
2 钢	×	×	×	×					
3 木	×			×		×			
4 玻璃	×			×	×				
5 汽油	×				×	×	×	×	
6 汞	×	×	×				×		
7 纸	×			×		×			
8 酒	×				×	×	×	×	×

16. 设 L 是一个完备格, 如果对于任意非空子集 $M \subseteq L$ 及 $a \in L$, 满足

(i) $a \wedge (\vee_{x \in M} x) = \vee_{x \in M} (a \wedge x)$,

则称 L 是 $\wedge$–**无限分配格**;

对偶地, 若对于任意非空子集 $M \subseteq L$ 及 $a \in L$, 满足

(i)$'$ $a \vee (\wedge_{x \in M} x) = \wedge_{x \in M} (a \vee x)$,

则称 L 是 $\vee$–**无限分配格**;

若 L 同时满足 (i) 和 (i)$'$, 则称 L 是**无限分配格**.

证明 (1) 在 $\wedge$–无限分配格 L 中, 满足

(ii) $(\vee_{x \in M} x) \wedge (\vee_{y \in N} y) = \vee_{x \in M, y \in N} (x \wedge y), (\forall M, N \subseteq L)$,

(2) 在 $\vee$–无限分配格 L 中, 满足

(ii)$'$ $(\wedge_{x \in M} x) \vee (\wedge_{y \in N} y) = \wedge_{x \in M, y \in N} (x \vee y), (\forall M, N \subseteq L)$.

17. 证明 (1) 任何一个代数 A 的所有子代数构成一个完备格.

(2) 任何一个格 L 的所有主理想构成一个格.

(3) 任何一个格 L 同构于它的所有主理想构成的格.

18. 设 $A = (S, F)$ 为一个代数, F_1 为 A 的自同构集合, F_2 为 A 的自同态集合, F_3 为 A 的满自同态全体, 证明

(1) F_j ($j = 1, 2, 3$) 分别关于集合的包含关系构成格, 分别称为 A 的特征格 L_1、全特征格 L_2、严格特征格 L_3.

(2) A 的全体子代数构成一个完备格 L_A.

(3) L_j 为 L_A 的闭子格 ($j = 1, 2, 3$).

(提示: 设 L 为一个格, 若 $S \subset L$ 并且对于任何 $X \subseteq S$ 都有 $\inf X$(即 X 的最大下界) 和 $\sup X$(即 X 的最小上界) 均属于 S, 则 S 被称为 L 的一个**闭子格** (closed sublattice)).

*19. 超市里冷冻猪肉和冷鲜猪肉因储存时间的长短不同, 价格有很大差别. 当决策者需要判断送货多少时, 也许会出现这家超市里冷鲜猪肉已经卖完, 而另一家超市里的冷鲜肉卖不出去, 这时冷鲜猪肉放置太长时间, 变成冷冻猪肉而导致价格下降, 造成亏损. 针对这种情况, 为了减少亏损, 合理决策冷鲜猪肉配送供给, 变得十分重要. 因为供应超市里每个时间段内宰杀猪的数量一定, 所以供货量一定; 又因为超市分配每辆货车行走的公里数一定, 油费消耗一定. 根据以上限制条件, 需要货车从供应超市出发到达其他任意两个供给城市的连锁超市后, 再返回原来的供应超市. 为让决策者更快地给出供应超市的货车供给方案, 应对其供货方案和距离进行概念格的可视化建格. 货物 (冷鲜肉) 将从 A 市超市出发分别运往周边的县市超市. 记 A 市超市为 v_1, B 县超市记为 v_2, C 市超市记为 v_3, D 市超市记为 v_4, E 市超市记为 v_5. 但是货物运输时由于宰杀猪数量的限制只能带够发往两个县市超市的货物量, 再回到出发地取货, 如何通过建格选择出合适的运输方案?

(提示: 根据货车配送路线, 记 $b_{ij} = d(v_i, v_j)$, 表示超市 v_i 距超市 v_j 的距离, $i, j = 1, 2, \cdots, 5$. $b_{12} = 15$km, $b_{13} = 15$km, $b_{14} = 38$km, $b_{15} = 31$km, $b_{25} = 39$km, $b_{35} = 57$km, $b_{45} = 52$km, $b_{24} = 33$km, $b_{34} = 60$km, $b_{23} = 34$km).

*20. 设 L 为一个格, $\underset{\sim}{P} \in F(L \times L)$. 若 $\forall x, y \in G$, $\underset{\sim}{P}(x, y) = 1$ 当且仅当 $x \leqslant y$, 试证 $\underset{\sim}{P}$ 为 $L \times L$ 上的一个模糊格.

*21. 设 $(O, P, \underset{\sim}{I})$ 为一个模糊形式背景, 其中 $O = \{x_1, x_2, x_3, x_4\}$, $P = \{a, b, c, d, e, h\}$, 模糊关系 $\underset{\sim}{I}$ 见表 2, 求出全部单边模糊概念.

表 2　模糊形式背景

$\underset{\sim}{I}$	a	b	c	d	e	h
x_1	0.8	0.7	0.7	0.5	0.7	0.5
x_2	0.7	0.6	0.7	0.7	1	0.6
x_3	0.6	0.2	0.1	0.7	0.2	0.9
x_4	0.5	0.7	0.5	0.2	0.2	0.8

*22. 完成定理 4.6.8 的证明.

参 考 文 献

[1] Hungerford T W. 1974. Algebra. New York: Springer-Verlag

[2] Isaacs I M. 1994. Algebra: A Graduate Course. Wadsworth: Thomson Learning

[3] McWeeny R. 2011. Symmetry: An Introduction to Group Theory and Its Applications. New York: Dover Pub. Inc

[4] Birkhoff G. 1967. Lattice Theory. 3rd ed. Provindence: American Mathematical Society

[5] Gräzter G. 2011. Lattice Theory: Foundation. Basel: Springer

[6] Gräzter G. 1998. General Lattice Theory. 2nd ed. Basel: Birkhäuser Verlag

[7] 聂灵沼, 丁石孙. 2002. 代数学引论. 2 版. 北京: 高等教育出版社

[8] 吴品三. 1984. 近世代数. 北京: 高等教育出版社

[9] 刘绍学. 2005. 近世代数基础. 北京: 高等教育出版社

[10] 张禾瑞. 2009. 近世代数基础. 北京: 高等教育出版社

[11] 万哲先. 2007. 代数和编码. 3 版. 北京: 高等教育出版社

[12] 樊恽, 刘宏伟. 2002. 群与组合编码. 武汉: 武汉大学出版社

[13] Ganter B, Wille R. 1999. Formal Concept Analysis Mathematical Foundations. Berlin: Springer-Verlag

[14] Ganter B, Stumme G, Wille R. 2005. Formal Concept Analysis: Foundations and Applications. Berlin: Springer-Verlag

[15] Carpineto C, Romano G. 2004. Concept Data Analysis: Theory and Applications. England: John Wiley & Sons Ltd

[16] Judson T W. Abstract Algebra Theory and Applications. http://abstract.ups.edu/download.html

[17] 冯克勤. 2005. 纠错码的代数理论. 北京: 清华大学出版社

[18] 孙淑玲. 2004. 应用密码学. 北京: 清华大学出版社

[19] 现代应用数学手册编委会. 2002. 现代应用数学手册. 北京: 清华大学出版社

[20] 马垣, 曾子维, 迟呈英, 吴建胜. 2011. 形式概念及其新进展. 北京: 科学出版社

[21] 毛华. 2006. 拟阵与概念格的关系. 数学进展, 35(3): 361-365

[22] 毛华, 史明. 2017. 利用二元拟阵 Kn 图的一种建格方法. 智能系统学报, 12(3): 333-340

[23] Mao H. 2015. The structure of concept lattice based on matroidal approach. Asian Journal of Computer and Information Systems, 3(3): 81-90

[24] Mao H. 2014. Characterization and reduction of concept lattices through matroid theory. Information Sciences, 281: 338-354

[25] Welsh D J A. 1976. Matroid Theory. London: Academic Press Inc

[26] Mao H, Lin G M. 2017. Interval neutrosophic fuzzy concept lattice representation and interval-similarity measure. Journal of Intelligent and Fuzzy Systems, 33: 957-967

[27] Mao H, Miao H R. 2018. Attribute reduction based on directed graph in formal fuzzy context. Journal of Intelligent and Fuzzy Systems. 34: 4139-4148

[28] 罗承忠. 2005. 模糊集引论. 北京: 北京师范大学出版社

[29] 张振良, 张金玲, 肖旗梅. 2007. 模糊代数与粗糙代数. 武汉: 武汉大学出版社

[30] 张振良, 张金玲, 殷允强, 李扉. 2010. 模糊集理论与方法. 武汉: 武汉大学出版社

[31] 徐伟华, 李金海, 魏金玲, 张涛. 2016. 形式概念分析理论与应用. 北京: 科学出版社

[32] 哈明虎, 杨兰珍, 吴从炘. 2009. 广义模糊集值测度引论. 北京: 科学出版社

[33] 谢季坚, 刘承平. 2016. 模糊数学方法及其应用. 武汉: 华中科技大学出版社

[34] Yuan B, Wu W. 1990. Fuzzy ideals on a distributive lattice. Fuzzy Sets and Systems, 35(2): 231-240

[35] Ajmal N, Thomas K V. 1994. Fuzzy lattices. Information Sciences, 79: 271-291

[36] Fuentes-González R. 2000. Concept lattices defined from implication operators. Fuzzy Sets and Systems, 114(3): 431-436

[37] Jaoua A, Elloumi S. 2002. Galois connection. formal concepts and Galois lattice in real relations: application in a real classifier. Journal of Systems and Software, 60(2): 149-163

[38] Krajčj S. 2003. Cluster based efficient generation of fuzzy concepts. Neural Network World, 5:521-530

[39] Yahia S B, Jaoua A. 2001. Discovering knowledge from fuzzy concept lattice. Data Mining and Computational Intelligence, Physica-Verlag HD, 68:167-190

[40] Mordeson J N, Bhutani K R, Rosenfeld A. 2005. Fuzzy Group Theory. Berlin: Springer-Verlag

[41] Ye J. 2014. Similarity measures between interval neutrosophic sets and their applications in multicriteria decisionmaking. Journal of Intelligent and Fuzzy Systems, 26(1):165-172

[42] Rosenfeld A. 1971. Fuzzy groups. Journal of Mathematical Analysis & Applications, 35(3): 512-517

[43] Zadeh L A. 1965. Fuzzy sets. Information and Control, 8: 338-353